▶ **工作实例** 强化实战技能　　▶ **技巧分享** 高效完成任务

WPS Office

WPS

微课 全彩版

办公应用 四合一

文档 处理 ＋ 数据 分析 ＋ 文稿 演示 ＋ 移动 办公

神龙工作室 编著

U0287795

人民邮电出版社
北 京

图书在版编目（ＣＩＰ）数据

WPS办公应用四合一：文档处理+数据分析+文稿演示+移动办公 / 神龙工作室编著. -- 北京：人民邮电出版社，2022.9
ISBN 978-7-115-58494-6

Ⅰ．①W… Ⅱ．①神… Ⅲ．①办公自动化－应用软件 Ⅳ．①TP317.1

中国版本图书馆CIP数据核字(2022)第029825号

内 容 提 要

本书以解决实际工作中的问题为导向，系统介绍了 WPS Office 2019 在办公中的应用知识。

本书共 4 篇 13 章的内容，每部分内容的安排及结构设计，均从读者的角度出发进行考虑。本书主要讲解了 WPS 文字、WPS 表格、WPS 演示这三大办公组件的功能和应用，以及移动办公工具的使用方法。

本书难易程度适中，适合需要快速掌握 WPS Office 办公应用能力的职场新人阅读，也可以作为各类计算机培训班和学校相关课程的参考书。

◆ 编　著　神龙工作室
　　责任编辑　罗　芬
　　责任印制　胡　南

◆ 人民邮电出版社出版发行　北京市丰台区成寿寺路 11 号
　　邮编　100164　电子邮件　315@ptpress.com.cn
　　网址　https://www.ptpress.com.cn
　　固安县铭成印刷有限公司印刷

◆ 开本：700×1000　1/16
　　印张：17　　　　　　　　　2022 年 9 月第 1 版
　　字数：272 千字　　　　　　2022 年 9 月河北第 1 次印刷

定价：89.90 元

读者服务热线：(010)81055410　印装质量热线：(010)81055316
反盗版热线：(010)81055315
广告经营许可证：京东市监广登字 20170147 号

前 言

WPS Office 是由金山软件股份有限公司出品的一款办公软件套装，其中包括 WPS 文字、WPS 表格和 WPS 演示这三大办公组件，使用它们可以分别实现文档、表格、演示文稿等的制作。WPS Office 具有内存占用低、运行速度快、强大插件支持、提供海量在线存储空间和模板、支持阅读和输出多种格式的文件、支持移动办公等优势，受到许多办公人员的青睐，在企事业单位中应用广泛。

使用 WPS 文字，可以制作规章制度、活动计划、招投标方案等各种文档；使用 WPS 表格，可以制作工资表、考勤表、数据分析表等各种表格；使用 WPS 演示，可以制作公开演讲、报告、总结或培训的演示文稿。总之，掌握并熟练地使用 WPS Office 对于办公人员来说具有十分重要的意义。

本书特点

● 本书每篇内容的安排及结构设计，均从读者的角度出发进行考虑。

● 本书内容全面，案例丰富、实用，操作步骤讲解简明扼要、一步一图。

● 重点知识的讲解，配有详细的操作视频，让学习更加直观、高效。

● 本书配套资源丰富、多样，便于读者学完本书后进一步拓展学习的广度和深度。

配套资源

本书配有丰富多样的教学资源，帮读者提升解决工作问题的能力。扫描下方的二维码，关注"职场研究社"公众号，回复"58494"，即可获得资源的下载链接。

职场研究社

本书配套资源具体内容如下：

- 本书实例的源文件与效果文件；
- 4 小时的同步视频教程；
- 5 小时 Excel 数据分析视频；
- 3 小时 PPT 设计与制作视频；
- 1200 个 Office 使用技巧；
- 3 小时 Photoshop 教学视频；
- 900 套办公模板。

　　由于作者水平有限，书中错误、疏漏之处在所难免。在感谢您选择本书的同时，也希望您把对本书的意见和建议告诉我们，我们的联系邮箱：luofen@ptpress.com.cn。此外，为了给您提供更好的学习服务，作者为本书建立了读者 QQ 群（766732317），欢迎您加入交流。

神龙工作室

第1篇 WPS文字：学会文档处理，工作事半功倍

WPS 文字自带各种实用的功能，但很多功能，读者并不知道。学完本篇，希望读者不仅能掌握 WPS 文字好用的功能，如应用图形与表格，制作公司简介、精美简历、组织结构图等实用文档，还能学会长文档与公文的排版，以及高效的文档处理方法，让工作事半功倍。

第1章 文档的录入与编辑

第2章 图形和表格的应用

第3章　长文档与公文的排版

第4章　高效的文档处理方法

第2篇　WPS表格：学会数据分析，提高工作效率

  在职场中处理与表格相关的工作时，很多读者会面临效率低、易出错的问题，这是因为没有找对方法。学完本篇，读者不仅能学会表格制作的基本功、表格数据的整理方法，还能学会数据透视表、图表、常见函数、求解功能等应用的方法。

第5章　用好WPS表格的必会基本功

第6章 表格数据不规范，批量整理有方法

第7章 数据量大不发愁，就用数据透视表

第8章 数据呈现不直观，图表美化可解决

第9章 数据分析效率低，使用函数快又准

第10章 巧用求解功能，解决预算、决算问题

第3篇 WPS演示：学会文稿演示，成为职场汇报达人

对于不少读者来说，制作演示文稿不难，但是要呈现出令人满意的效果却不容易，这是因为没有好的思路和方法。学完本篇，读者将会对制作商业计划书、电商品牌宣传等工作型演示文稿手到擒来。

第4篇 学会移动办公,从容切换工作模式

随着互联网的发展和移动硬件设备及软件的不断升级,网络移动办公兴起,在家里工作、开会成为很多企业的家常便饭,这些快捷的工作方式能大幅提高工作效率,使企业受益,降低成本,因而广受欢迎。学完本篇,您将学会如何灵活地进行移动办公。

第13章 各移动办公工具的使用

第**1**篇

WPS文字：学会文档处理，工作事半功倍

WPS文字是一款开放、便捷的文档编辑工具。学完本篇，读者能学会文档的录入与编辑、图形和表格的应用、高效的文档处理方法、长文档与公文的排版等，使工作事半功倍。

第 1 章

文档的录入与编辑

- 输入文字都有哪些好习惯?
- 如何设置段落格式?
- 如何用好中文版式?
- 如何设置文档保护与打印?

本章将一一为你揭晓。

稳扎稳打,根深蒂固!

本章主要讲解文档的录入与编辑，这是最基础但又特别重要的内容，主要包括输入文字时的好习惯、如何设置段落格式、如何用好中文版式、如何设置文档保护与打印等。

学好这些基础内容，在操作文档时才能得心应手，并能信心满满地继续去掌握后续那些进阶的内容。下面我们就逐项开始学习吧！

 ## 1.1　会议纪要，要设置好这几部分内容

输入文字时，如果读者没有良好的习惯，不但费时费力、容易出错，而且编辑的文档还不美观；但如果读者养成良好的习惯，就可以"多、快、好、省"。那么良好的输入习惯都有哪些呢？主要包括以下几个方面。

1.1.1　不但要关注文档内容，还要关心格式

编辑文档时如果读者只关注文档内容，不关心格式，最后往往无法使阅读者满意，甚至会使阅读者失去继续阅读的兴趣。通过下面两幅对比图，读者一眼便知。下面是不注重格式的文档。

文档管理制度

目的

为保证公司文件的完整，便于查找利用，做好收集、立卷、保管等工作，维护文件档案的完整和安全，特制定本制度。

制度

一、公司委任文档管理专员，做好文件档案的收集、分类、整理、集卷、归档、修正记录等工作，保证文件档案资料的齐全完整，实时跟进，提高文档有效性及相关质量，使文件档案管理工作达到标准化、制度化、规范化、有效化的标准要求，并及时形成电子信息化管理，建立相关电子文档留存。

二、公司各部门在工作中形成的文件和具有查考利用价值的各类文件资料、制度规范、原始记录、出版物、图表簿册、照片、安全档案等以及与本公司生产经营活动相关的上级政文皆须完整齐全地收集、整理、立卷、保管，以备查阅。

三、人力资源管理人员要做好本公司员工之人事档案的收集、整理、立卷、管理工作，确保资料完整归档。

四、档案管理人员要对公司安全生产相关文件资料进行专门的建档、整理，对相关演练记录必须做到拍照留存并整理记录成文档，以备安全保障部门查阅。

五、公司文件档案应根据其相关联系、保存价值分类整理立卷，保证档案的齐全、完整、最新，能反映公司的主要情况，以便于保管、利用及查阅。

六、文件资料档案的保管、查阅及更新：

下面是注重格式的文档。

文档管理制度

一、目的

　　为保证公司文件的完整，便于查找利用，做好收集、立卷、保管等工作，维护文件档案的完整和安全，特制定本制度。

二、制度

　　（一）公司委任文档管理专员，做好文件档案的收集、分类、整理、集卷、归档、修正记录等工作，保证文件档案资料的齐全完整，实时跟进，提高文档有效性及相关质量，使文件档案管理工作达到标准化、制度化、规范化、有效化的标准要求，并及时形成电子信息化管理，建立相关电子文档留存。

　　（二）公司各部门在工作中形成的文件和具有查考利用价值的各类文件资料、制度规范、原始记录、出版物、图表簿册、照片、安全档案等以及与本公司生产经营活动相关的上级政文皆须完整齐全地收集、整理、立卷、保管，以备查阅。

　　注重格式后，这个文档是不是顺眼很多呢？不仅字体大小适中、格式符合规范，而且重点突出、便于阅读，所以文档的格式和内容一样重要哦！（关于如何设置文档的格式，在 1.2 会详细讲解。）

1.1.2　用好拼写检查功能

　　拼写检查，可以检查读者录入的英文中是否有拼写错误。

　　例如，读者想检查一份中英文混合的简历是否有英文拼写错误和语法错误，就可以使用拼写检查功能，操作步骤如下。

配套资源
第 1 章 \ 中英文简历—原始文件
第 1 章 \ 中英文简历—最终效果

扫码看视频

步骤 » 使用拼写检查功能。

打开本实例的原始文件，找到有红色波浪底线的文字，❶将光标放在该红色波浪底线文字后，❷切换到【审阅】选项卡，❸单击【拼写检查】按钮，❹在弹出的对话框中，在【更改建议】文本框中选择正确的内容，❺单击【更改】按钮，❻即可更改为正确的内容。

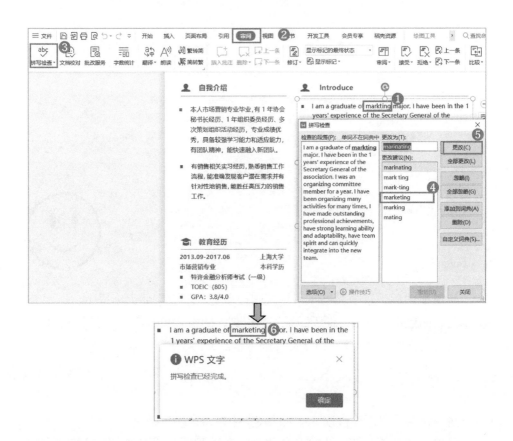

1.1.3 批注功能

　　读者在阅读 WPS 文档的过程中，对于想要完善或修改的内容，如果当时用纸笔记录下来不方便，又担心过后忘记，那该怎么办呢？使用批注可以很好地解决这一问题。操作步骤如下。

扫码看视频

步骤 1» 插入批注。

打开本实例的原始文件，❶将光标放在需要插入批注处，❷切换到【插入】选项卡，❸单击【批注】按钮，❹在弹出的批注框中输入批注内容。

步骤 2» 修改批注。

在批注上右击，在弹出的快捷菜单中可以选择【答复批注】【解决批注】或【删除批注】命令，来答复、解决或删除该批注。

1.2　放假通知，设置段落格式

针对一份放假通知文档，如何正确设置它的段落格式呢？段落格式主要有对齐方式、缩进方式、行距和段间距、项目符号和编号，下面逐项介绍。

1.2.1 设置对齐方式

在 WPS 中，我们可将段落设置为左对齐、居中对齐、右对齐、两端对齐等形式，下面以左对齐为例，介绍其设置的操作步骤。

配 套 资 源
第 1 章 \ 放假通知—原始文件
第 1 章 \ 放假通知—最终效果

扫码看视频

步骤 » 打开本实例的原始文件，❶选中需要对齐的段落，❷切换到【开始】选项卡，❸单击【左对齐】按钮，即可将段落设置为左对齐。

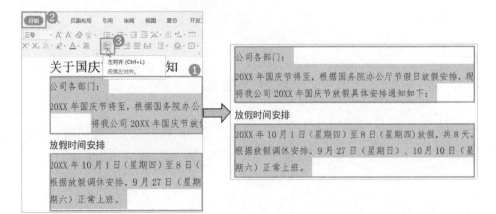

在【左对齐】按钮的右边还有【居中对齐】【右对齐】【两端对齐】【分散对齐】等按钮，可以在需要时使用。

1.2.2 使用标尺和缩进滑块控制段落位置

文档段落的位置，还可以使用标尺和缩进滑块来控制。如果页面上没有出现标尺和缩进滑块，可以在【视图】选项卡中勾选【标尺】复选框，在文档上方即可出现标尺和缩进滑块。标尺上的缩进滑块依次是【首行缩进】【悬挂缩进】【左缩进】【右缩进】。

首行缩进：将某个段落中的首行向右缩进。悬挂缩进：将某个段落中除首行外的各行向右缩进。左缩进和右缩进：将某个段落整体向左或右缩进。

下面依次演示如何对文档设置首行缩进、悬挂缩进、左缩进。

配　套　资　源	
第 1 章 \ 放假通知 01—原始文件	
第 1 章 \ 放假通知 01—最终效果	

扫码看视频

步骤 1» 首行缩进。

打开本实例的原始文件，❶将光标放在段落前，❷将【首行缩进】滑块向右拖曳两个汉字的距离，❸即可为段落首行设置向右缩进。（如果需要为多个段落设置首行缩进，多选后操作即可）

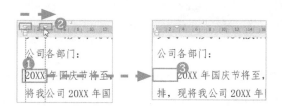

步骤 2» 悬挂缩进。

❶选中要进行悬挂缩进的段落，❷将【悬挂缩进】滑块向右拖曳两个汉字的距离，❸即可为段落除首行外的其他行设置向右缩进。

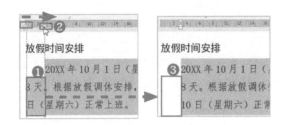

步骤 3» 左缩进。

❶选中将要进行左缩进的段落，❷将【左缩进】滑块向右拖曳两个汉字的距离，❸即可为段落中的所有行设置左缩进。

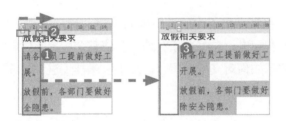

1.2.3 设置行距和段间距

这里，按照使用习惯，我们将行距设为 28 磅，段间距设为段后 30 磅。操作步骤如下。

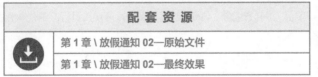

配 套 资 源
第 1 章 \ 放假通知 02—原始文件
第 1 章 \ 放假通知 02—最终效果

扫码看视频

步骤 1» 打开本实例的原始文件，❶选中要设置行距和段间距的段落，❷切换到【开始】选项卡，❸单击【行距】按钮，❹在弹出的下拉列表中选择【其他】选项。

步骤2» 在弹出的对话框中，将行距设置为固定值28磅，段后间距设置为30磅，单击【确定】按钮，即可将行距和段间距设置好。

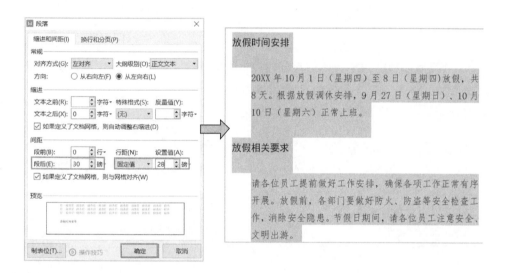

1.2.4 设置项目符号和编号

　　项目符号是一种平行排列标志，表示在某项下可有若干条目；编号和项目符号的使用方法差不多，但能看出先后顺序，更具条理性，方便识别条目所在位置。

　　接下来，再为"放假通知"设置项目符号和编号。以下是简要步骤。

配　套　资　源	
第 1 章 \ 放假通知 03—原始文件	
第 1 章 \ 放假通知 03—最终效果	

扫码看视频

步骤 1» 添加项目符号。

打开本实例的原始文件，❶选中需要添加项目符号的内容，❷切换到【开始】选项卡，❸单击【项目符号】按钮，❹在弹出的下拉列表中选择箭头项目符号选项，❺内容前即可添加好项目符号。

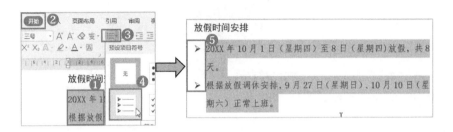

步骤 2» 添加编号。

❶选中需要添加编号的内容，❷切换到【开始】选项卡，❸单击【编号】按钮，❹在弹出的下拉列表中选择第 4 个编号，❺内容前即可添加好编号。

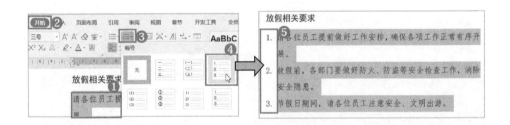

1.3　活动安排，用好中文版式

　　WPS 文字中的中文版式更符合中国人的审美和使用习惯。接下来，将以"勤俭节约活动安排"为例，演示如何用 WPS 文字的功能做好中文版式。

1.3.1 首字下沉

　　首字下沉可以让文档更加醒目和美观，读者往往会因为首字下沉而提起阅读的兴趣，在请柬、邀约的时候使用首字下沉功能，可以让对方有被尊重的感觉。操作步骤如下。

配 套 资 源
第 1 章 \ 勤俭节约活动安排—原始文件
第 1 章 \ 勤俭节约活动安排—最终效果

扫码看视频

步骤 1» 开始使用首字下沉功能。

打开本实例的原始文件，❶将光标放在需要设置首字下沉的段落首字前，❷切换到【插入】选项卡，❸单击【首字下沉】按钮。

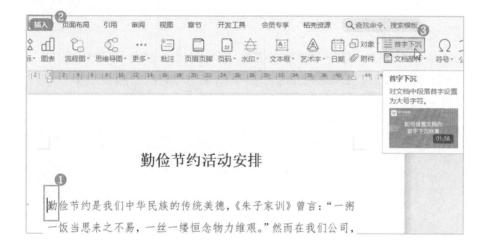

步骤 2» 设置首字下沉效果。

❶在弹出的对话框中选择【下沉】选项，【下沉行数】保持默认的"3"不变，❷单击【确定】按钮，❸选中虚线框中的首字，❹在弹出的浮动工具栏中调整字号大小，即可设置好首字下沉的效果。

1.3.2 分栏

恰当使用 WPS 中的分栏功能可以使页面更加美观和规范。下面以分两栏为例，介绍如何对文档进行分栏。操作步骤如下。

配 套 资 源
第 1 章 \ 勤俭节约活动安排 01—原始文件
第 1 章 \ 勤俭节约活动安排 01—最终效果

扫码看视频

步骤 » 将正文设置为两栏。

打开本实例的原始文件，❶选中需要分栏的正文，❷切换到【页面布局】选项卡，❸单击【分栏】按钮，❹在弹出的下拉列表中选择【两栏】选项，❺即可设置好分两栏的效果。

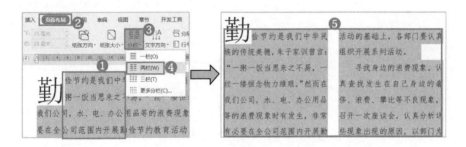

如果需要设置三栏或更多分栏，直接选择【三栏】或【更多分栏】选项即可进行设置。

1.3.3 带圈字符

带圈字符可以将编辑的文字加上圆形或正方形、菱形等其他形状，以达到区别其他文字的目的，使文档更加有条理和美观。带圈字符应该如何使用呢？以下是操作步骤。

配 套 资 源
第 1 章 \ 勤俭节约活动安排 02—原始文件
第 1 章 \ 勤俭节约活动安排 02—最终效果

扫码看视频

步骤 1» 设置带圈字符。

打开本实例的原始文件，❶选中需要设置带圈字符的内容，❷切换到【开始】选项卡，❸单击
【带圈字符】按钮，❹在弹出的对话框【样式】栏中选择【增大圈号】选项，其他保持默认不
变，❺单击【确定】按钮，即可设置好带圈字符。

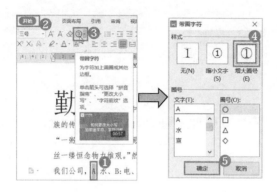

步骤 2» 其他需要设置带圈字符的内容也进行同样的操作。

1.3.4 拼音

对有些不确定读音的文字，为防止读错，WPS 还自带拼音检查功能，可
以为文字设置好拼音。下面让我们看一下这个功能该如何使用吧！

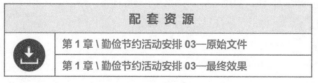

配 套 资 源
第 1 章 \ 勤俭节约活动安排 03—原始文件
第 1 章 \ 勤俭节约活动安排 03—最终效果

扫码看视频

步骤 » 打开本实例的原始文件，❶选中需要设置拼音的内容，❷切换到【开始】选项卡，❸单
击【拼音指南】按钮，❹在弹出的下拉列表中选择【拼音指南】选项，❺在弹出的对话框中，
保持默认设置不变，单击【确定】按钮，即可为文字设置好拼音。

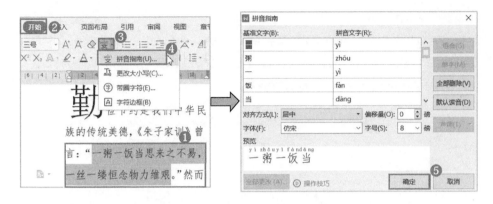

文字设置好拼音的效果如右图所示。

1.3.5 人民币大写数字

WPS 还自带将人民币小写数字转换成人民币大写数字的功能，这样就无须手动输入人民币大写数字，可以防止手动输入时出错。下面是简要步骤。

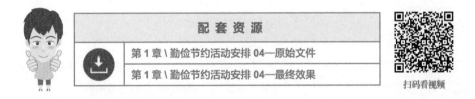

步骤 » 打开本实例的原始文件，❶选中需要转换大小写的内容，❷切换到【插入】选项卡，❸单击【编号】按钮。

❹在弹出的对话框中的【数字类型】列表框中选择如图所示的大写样式，❺单击【确定】按钮，❻数字自动转换为大写。最后，利用格式刷调整好格式即可。

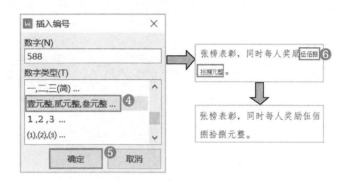

1.4　公司考勤制度，文档保护与打印

文档保护和打印也是日常工作中 WPS 文字操作中出现频率较高的内容，下面以"公司考勤制度"文档为例，分别介绍。

1.4.1 文档保护

WPS 文字提供了文档保护的功能，读者通过设置文档保护，可以保护文档不被修订；如果读者希望文档被修订，又可以取消文档保护。那么具体如何设置和取消文档保护呢？以下是简要步骤。

配 套 资 源	
第 1 章 \ 公司考勤制度—原始文件	
第 1 章 \ 公司考勤制度—最终效果	

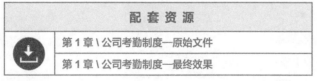

扫码看视频

步骤 1» 设置文档保护。

打开本实例的原始文件，❶切换到【审阅】选项卡，❷单击【限制编辑】按钮，❸在打开的【限制编辑】任务窗格中勾选【设置文档的保护方式】复选框，其他保持默认设置不变，❹单击【启动保护】按钮。

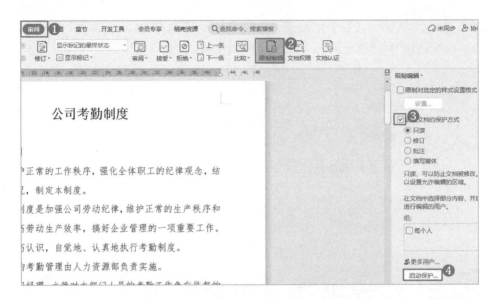

步骤 2» 设置保护密码。

在弹出的对话框中，输入两遍密码，单击【确定】按钮，即可启动保护文档。

步骤 3» 取消保护文档。

在【限制编辑】任务窗格中，
❶单击【停止保护】按钮，
❷在弹出的对话框中输入密
码，❸单击【确定】按钮，
即可取消保护文档。

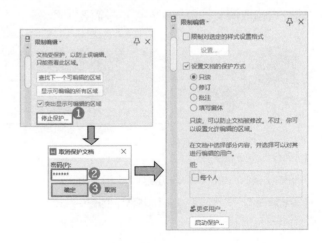

1.4.2 文档打印

文档打印在工作中是必不可少的，读者如何才能既不浪费纸张，又能打印出理想的效果呢？下面简要介绍。

配 套 资 源
第 1 章 \ 公司考勤制度 01—原始文件
第 1 章 \ 公司考勤制度 01—最终效果

扫码看视频

1. 预览打印效果

读者通过预览功能，可以提前浏览打印效果，避免打印以后发现问题，只得修改、重新打印，起到节约纸张、省时省力的作用。下面就简要介绍如何预览打印效果。

步骤 1» 选择打印预览功能。

打开本实例的原始文件，❶单击【文件】按钮，❷在弹出的下拉列表中选择【打印】选项，❸在弹出的子菜单中选择【打印预览】选项。

步骤 2» 预览打印效果。

2. 文档页数太多，只打印其中一部分

文档页数很多，读者如果只想有选择地打印其中的一部分，该如何操作呢？例如只打印文档中的 3~5 页，操作步骤如下。

步骤 » 打开本实例的原始文件，❶单击【文件】按钮，❷在弹出的下拉列表中选择【打印】选项，❸在弹出的子菜单中选择【打印】选项，❹在弹出的【打印】对话框中选择【页码范围】单选钮，在后面的文本框中输入"3-5"，❺单击【确定】按钮，即可打印文档第 3~5 页的内容。

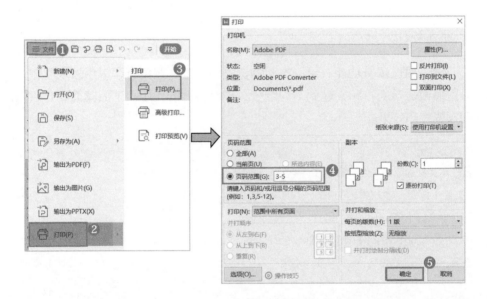

如果读者想要打印的页码不连续，例如想要打印第 3 页和第 5 页，则在文本框输入时用逗号隔开："3,5"。

3. 将多页文档打印在一页纸上

在非正式场合，读者有将多页文档合并打印在一页纸上的需求。

例如，读者需要将4页文档合并为1页打印，只需将每页的版数设置为【4版】，然后单击【确定】按钮。

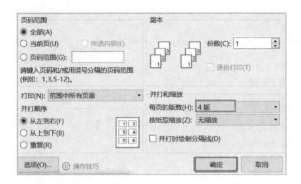

4. 文档中创建的图形打印不出来，如何解决

读者明明在文档中创建了一个图形，但在打印预览时这个图形却无影无踪，见下图。这要如何操作呢?

其实，读者只需进行简单设置就可以。以下是简要步骤。

步骤 » ❶在【打印】对话框中单击【选项】按钮，❷在弹出的【选项】对话框中勾选【图形对象】复选框，❸单击【确定】按钮，打印时即可将图形打印出来。

本章内容小结

　　本章主要学习了文档的录入与编辑，包括输入文字时的好习惯、段落格式、中文版式、文档保护与打印等内容，这些都是比较常用和基础的操作，要求读者熟练掌握！

　　第 2 章我们将一起学习文档中的图形和表格的相关内容。

2

第 2 章

图形和表格的应用

- 如何插入图片并对图片进行设置?
- 如何利用形状使文档生动有趣?
- 如何使用表格使文档整齐有条理?
- 如何在表格中插入装饰小图标?

本章将为你逐个揭晓。

图形表格用得好,
文档清新"高大上"!

本章主要学习图形和表格的相关内容，这是稍微进阶一些的内容，主要包括如何做一份图文并茂的公司简介、如何使用表格制作求职简历、如何使用形状绘制组织结构图等。

这些进阶内容，在职场中是特别实用的，是能够马上转化成生产力的干货。是不是已经迫不及待想学习了呢？下面我们就赶快开始吧！

2.1 公司简介，用一页纸漂亮呈现

公司简介是大部分企业需要经常制作的，那读者如何用一页纸做出漂亮的公司简介呢？下面这份公司简介就是一个很好的例子。

看完后，你是不是也觉得这份公司简介图文并茂、设计合理，同时又非常简洁、大方呢？那是因为它巧妙地利用了图形。下面我们就以此为例去学习如何制作一份精美的公司简介吧！

2.1.1　设置图片的环绕方式

在空白文档中插入图片，并设置环绕方式，让图片可以不受页边距影响，在文档中自由调整大小和位置。以下是简要步骤。

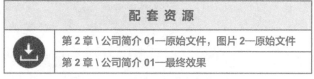

配 套 资 源	
第 2 章 \ 公司简介 01—原始文件，图片 2—原始文件	
第 2 章 \ 公司简介 01—最终效果	

扫码看视频

步骤 1» 找到图片。

打开本实例的原始文件，❶切换到【插入】选项卡，❷单击【图片】下拉按钮，❸选择【本地图片】选项，❹在弹出的对话框中选择将要插入的图片，❺单击【打开】按钮。

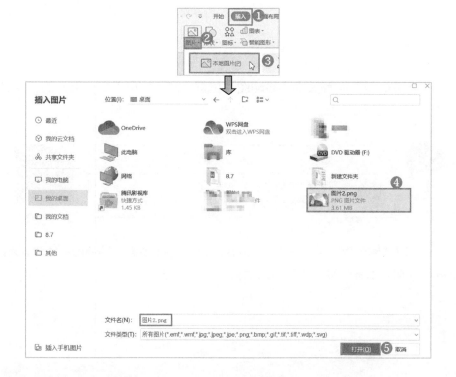

步骤 **2»** 插入图片。

❶在弹出的对话框中单击【是】按钮，❷在弹出的【压缩图片】对话框中单击【确定】按钮，即可插入图片。

步骤 **3»** 设置图片环绕方式。

单击图片，激活【图片工具】选项卡，单击【环绕】按钮，在弹出的下拉列表中选择【浮于文字上方】选项，图片即可不受页边距的影响，可在文档中自由调整大小和位置。

2.1.2 调整图片大小与位置

接下来，设置图片大小，移动图片位置，使图片位于文档上方的三分之一处。以下是简要步骤。

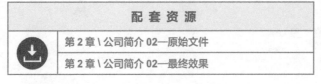

配 套 资 源

第 2 章 \ 公司简介 02—原始文件

第 2 章 \ 公司简介 02—最终效果

扫码看视频

步骤 **»** 打开本实例的原始文件，单击图片，激活【图片工具】选项卡，设置高度为 **14.87** 厘米，宽度为 **23** 厘米，并拖曳图片，使图片位于文档上方的三分之一处。

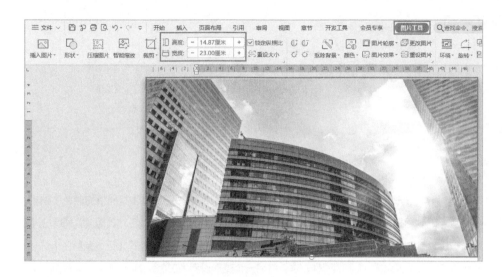

2.1.3 设置形状的颜色与叠放顺序

接下来，设置形状的颜色与叠放顺序，如右图所示，使文档呈现出一种艺术感和高级感。那具体该如何设置呢？

插入两个菱形，分别设置其颜色为红色和白色，调整其大小，再按照先后顺序叠放在一起就有艺术效果了。以下是简要步骤。

配套资源
第 2 章 \ 公司简介 03—原始文件
第 2 章 \ 公司简介 03—最终效果

扫码看视频

步骤 1» 插入两个菱形。

打开本实例的原始文件，❶切换到【插入】选项卡，❷单击【形状】按钮，❸在弹出的下拉列表中选择【菱形】选项，❹按住鼠标左键，在空白处绘制一个菱形，❺依照如上方法，再绘制一个菱形，总共两个菱形。

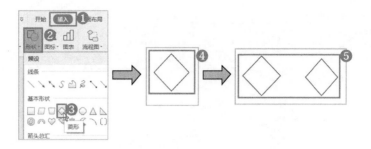

步骤 2» 设置菱形颜色。

单击选中一个菱形，❶单击该菱形旁边的【形状填充】按钮，❷选择【其他填充颜色】选项，❸在弹出的对话框中切换到【自定义】选项卡，❹按照图示数据设置颜色和透明度，❺单击【确定】按钮，单击菱形，❻再单击该菱形旁边的【形状轮廓】按钮，❼选择【无线条颜色】选项，即可将该菱形设置完成。（按照同样方法，将另一个菱形设置为白色、0% 透明度、无轮廓。）

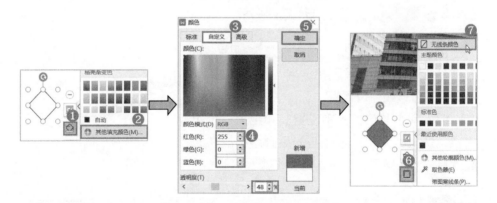

步骤 3» 旋转菱形，并设置菱形大小。

选中红色菱形，❶按住菱形上方的"旋转箭头"，❷逆时针拖曳 20° 左右；❸在【绘图工具】选项卡下，❹将高度和宽度设置为图示数据。

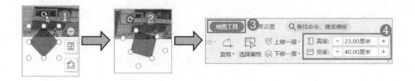

步骤 **4**» 拖曳菱形，按顺序叠放两个菱形。

❶拖曳红色菱形的控制点，达到斜着遮盖图片四分之一的效果，❷按照同样的方法，设置白色菱形的大小和角度，拖曳并覆盖红色菱形的大部分区域，仅留一小块红色条形，即可达到图示效果。

2.1.4 将多个形状组合在一起

将多个形状组合在一起，如右图所示，使文档呈现出另一种艺术感和高级感。那具体该如何设置呢？

插入两个圆形，分别设置其大小，组合在一起就有效果了。以下是简要步骤。

配 套 资 源
第 2 章 \ 公司简介 04—原始文件
第 2 章 \ 公司简介 04—最终效果

扫码看视频

步骤 **1**» 插入圆形并进行设置。

插入两个圆形，并分别设置其大小、颜色、透明度等，然后移动它们的位置，将其组合在一起，如下图所示。（设置圆形的步骤和设置菱形的步骤相似，此处就不再展示具体步骤，只展示设置的参数及最终效果。）

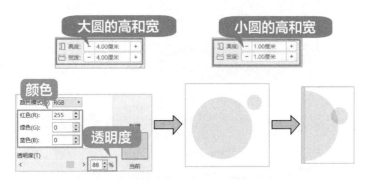

步骤 2» 插入矩形并进行设置。

在文档底部插入矩形，并进行设置。设置的参数及最终效果如下。

2.1.5 输入文字

字体一般选择微软雅黑或黑体，比较正式大方，这里我们选择使用微软雅黑。字号选择的要求为标题使用小初、正文使用小四、落款使用小二、公司信息使用四号、英文使用三号或小四。

文字的颜色要与版面风格一致，所以在此处，我们选择了黑色为主、红色为辅的文字颜色搭配。

最后，添加"公司简介"文字，因为是在图形之上添加文字，所以我们采取的方式为插入文本框，在文本框中添加文字。以下是简要步骤。

配 套 资 源	
第 2 章 \ 公司简介 05—原始文件	
第 2 章 \ 公司简介 05—最终效果	

扫码看视频

步骤 » 打开本实例的原始文件，❶切换到【插入】选项卡，❷单击【文本框】下拉按钮，❸在弹出的下拉列表中选择【横向】选项，❹按住鼠标左键绘制一个文本框，❺将文本框设置为无填充、无轮廓（设置方法可参照形状的设置），在文本框中输入文字即可。

2.1.6 使用稻壳儿，快速获得模板

其实，还有一种特别简便的方法可以快速制作公司简介，那就是使用稻壳儿。在稻壳儿中搜索"公司简介"，会出现很多种公司简介的模板，挑选适合的模板下载后进行更改，即可快速获得一份精美的公司简介。更改的方法可参照制作公司简介的方法。

2.2　求职简历，使用表格制作更出彩

　　求职简历，是用人单位了解求职者的重要渠道，只有简历打动了用人单位，求职者才有后面的面试机会。简历对求职者的重要性，可见一斑。那么优秀的简历都是怎样的呢？一定是美观大方、条理清晰、令人赏心悦目的，如下图所示。

　　那这份简历是如何制作出来的呢？其实，它主要使用了表格来让简历更加整齐且有条理。下面，我们就以下图为例，学习如何使用表格制作一份简历吧！

配 套 资 源
第 2 章 \ 求职简历—原始文件、照片—原始文件
第 2 章 \ 求职简历—最终效果

扫码看视频

2.2.1 表格在文档中的应用

1. 创建并设置表格的字体

首先，我们来创建表格，并设置表格中的字体。以下是简要步骤。

步骤 1» 设置页边距和创建表格。

打开本实例的原始文件，❶设置页边距数据，❷切换到【插入】选项卡，❸单击【表格】按钮，❹在弹出的下拉列表中选择【插入表格】选项，❺在弹出的对话框中设置行列数，❻单击【确定】按钮，即可创建表格。

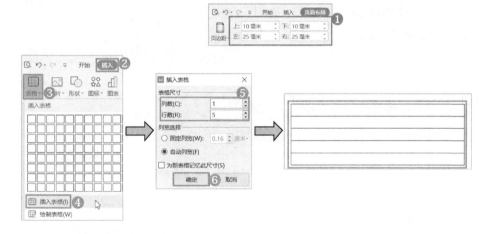

步骤 2» 在表格第 2~5 行中录入文字，并设置字体格式。

在表格中录入文字并选中表格内文字，切换到【开始】选项卡，将字体格式设置为微软雅黑四号和五号，并将前两行中文文字加粗显示（简历中其他文字的设置方法相同，就不再逐个展示）。

步骤 3» 在表格第 1 行中插入文本和照片。

在第 1 行插入文本框并录入文字，将文本框设置为无填充、无轮廓。然后，插入照片并进行设置，效果如右图所示。

2. 设置表格的行高和列宽

　　表格的行高和列宽合适，文字排列才能美观，那怎样才能使表格的行高和列宽合适呢？主要有两种方法：设置表格行高和列宽、拖曳法。

　　在实际操作中，一般将两种方法相结合进行使用。下面进行简要介绍。

🖱 设置表格行高和列宽

步骤 » ❶选中首行表格，❷切换到【表格工具】选项卡，❸将高度和宽度按图示数据进行设置。其他行的表格宽度和首行一致，高度根据实际情况灵活设置即可。

🖱 拖曳法，调整行高和列宽

步骤 » 将鼠标指针放在表格边框上，当鼠标指针变成如右图所示的形态的时候，即可按住鼠标左键进行拖曳，对表格高度和宽度进行调整。

3. 合并拆分单元格

　　在制作表格时，我们可以根据需要合并或拆分单元格，例如本例中的第 1 行表格就需要拆分为两列。具体的操作步骤如下。

步骤 » 选中首行表格，❶切换到【表格工具】选项卡，❷单击【拆分单元格】按钮，❸在弹出的对话框中设置行列数，❹单击【确定】按钮，即可拆分表格。将内框线拖曳调整后效果如下图所示。

【拆分单元格】按钮的左侧就是【合并单元格】按钮，选中两个以上的单元格，即可使用此功能。可根据需要选择，就不再具体展示步骤。

4. 设置表格的边框和底纹

表格全部带有边框会给人呆板的感觉，而如果对表格的边框进行一些巧妙的设置，例如将内部的边框全都设置为虚线，就可以使表格变得生动有趣。

而表格的底纹会重点突出要显示的内容，将表头格式设置为有底纹，可以让用人单位一眼注意到表头的照片和简介，从而关注到求职者。

设置边框和底纹的具体步骤如下。

步骤 1» 设置边框。

选中所有表格，❶切换到【表格样式】选项卡，❷单击【边框】下拉按钮，❸在弹出的下拉列表中选择【内部框线】选项，❹单击【线型】下拉按钮，❺在弹出的下拉列表中选择第三种线型，❻【线型粗细】选择【0.5 磅】，即可将所有内部框线设置为虚线。

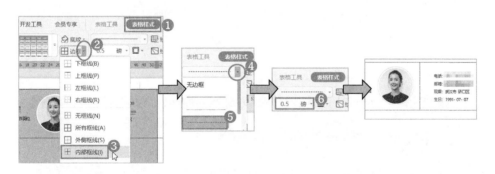

步骤 2» 设置底纹。

选中首行表格，❶切换到【表格样式】选项卡，❷单击【底纹】下拉按钮，❸在弹出的下拉列表中选择【白色，背景 1，深色 5%】选项，即可设置好底纹。

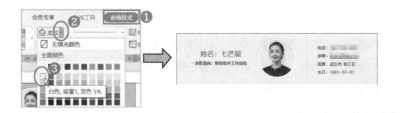

5. 表格与文本的转换

对于该简历表格中的文本内容，如果只想提取文本，而不需要表格格式，可以使用 WPS 提供的将表格转换为文本的功能。具体的步骤如下。

步骤 » ❶选中第 2~5 行表格内容，❷切换到【表格工具】选项卡，❸单击【转换成文本】按钮，❹在弹出的对话框中，保持默认设置不变，单击【确定】按钮，表格里的内容就转换为文本了。

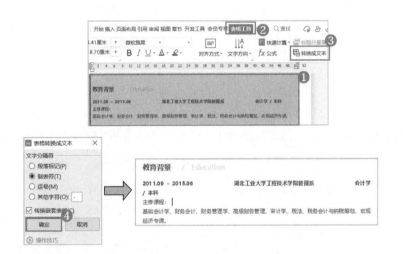

按快捷键【Ctrl+Z】撤销表格转换为文本的操作，继续进行简历的美化。

2.2.2 在表格中插入装饰小图标

在表格中插入小图标，可以提升简历的专业气质。WPS 中提供了很多小图标，如通讯、商业、艺术类等，可供用户选择。

这里，我们尝试在右图所示的电话、邮箱、现居、生日前添加图标。操作步骤如下。

步骤 » 插入图标。

将光标放在简历中的任意位置，❶切换到【插入】选项卡，❷单击【图标】按钮，❸在弹出的下拉列表中的搜索文本框中，输入"电话"，按【Enter】键，即可搜索出很多电话图标，❹双击选择合适风格的图标（再依次搜索"邮箱""地址""日期"，选择合适图标），❺调整图标大小，并把图标放到合适位置。

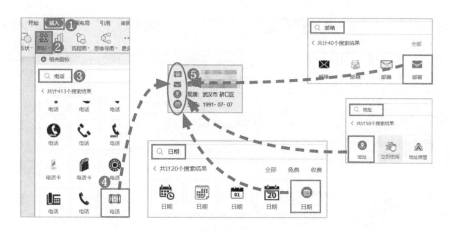

一份简洁大方的求职简历就制作完成了，下图所示为最终效果。

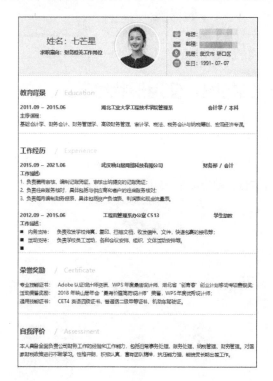

2.2.3 使用稻壳儿，快速获得"完美"简历模板

其实，读者如果不想太辛苦，直接使用稻壳儿便可快速获得一份简历模板，如下页图所示，稍加修改，便可成为一份"完美"简历。

2.3　组织结构图，使用形状绘制超简单

通过组织结构图可以一目了然地了解一个组织的架构，很多企业都需要绘制组织结构图，那在 WPS 中如何绘制组织结构图呢？其实，借助形状绘制工具就可以了，下面就以图例讲解如何绘制。简要步骤如下。

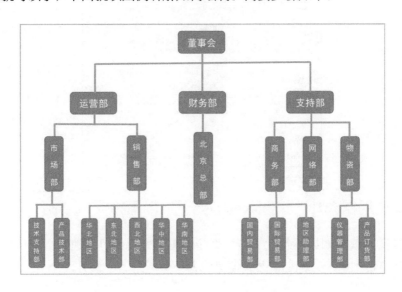

2.3.1 绘制组织结构图

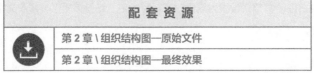

配套资源

| | 第 2 章 \ 组织结构图—原始文件 |
| 第 2 章 \ 组织结构图—最终效果 |

扫码看视频

步骤 1» 插入形状。

打开本实例的原始文件，❶切换到【插入】选项卡，❷单击【形状】按钮，❸在弹出的下拉列表中选择【圆角矩形】选项，❹按住鼠标左键在文档中绘制一个矩形。

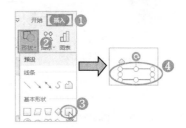

步骤 2» 设置形状颜色和大小。

在矩形上右击，❶单击【填充】下拉按钮，❷选择【其他填充颜色】选项，❸设置填充颜色；继续设置轮廓的线型和颜色，❹单击【轮廓】下拉按钮，❺选择【线型】选项，❻选择【1磅】，❼设置轮廓颜色，❽切换到【绘图工具】选项卡，❾设置高度和宽度。相关数据如下图所示，形状即可设置好。

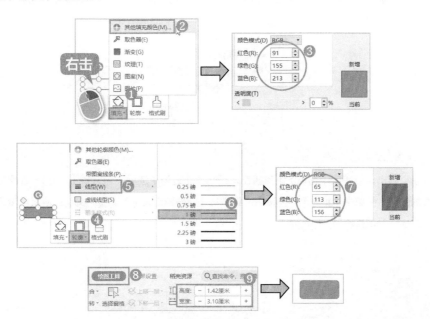

步骤 3» 在横的矩形中添加文字，并对文字进行设置。

在矩形上右击，❶选择【添加文字】命令，在矩形中输入文字，❷将文字格式设置为黑体、小二，❸颜色设置为白色，❹格式设置为居中对齐，❺复制、粘贴该矩形，修改文字后，即可得到其他名称的矩形。

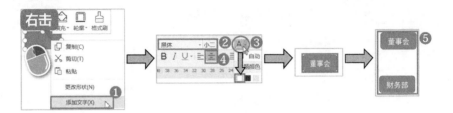

步骤 4» 在竖的矩形中添加文字，并对文字进行设置。

要设置竖的矩形里的文字，切换到【绘图工具】选项卡，单击【文字方向】按钮即可。

步骤 5» 添加线条，方法和插入形状类似。

❶切换到【插入】选项卡，❷单击【形状】按钮，❸在弹出的下拉列表中选择【直线】选项，❹按住鼠标左键在文档中绘制一条直线。

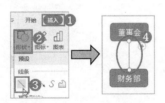

步骤 6» 设置线条粗细和颜色。

在线条上右击，❶单击【轮廓】下拉按钮，❷选择【线型】选项，❸选择【3 磅】；继续设置轮廓的颜色，❹单击【轮廓】下拉按钮，❺选择【其他轮廓颜色】选项，❻将轮廓颜色设置为图示数据，❼即可将线条设置好。

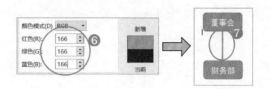

该组织结构图的第一层和第二层的字体格式都是黑体、小二，第三层的为黑体、小三，第四层的为黑体、小四。

明白了制作方法，重复以上步骤就可以制作出合适的组织结构图。

2.3.2 使用稻壳儿，快速获得组织结构图模板

同样地，不想太辛苦，直接使用稻壳儿，即可快速获得海量组织结构图模板，从中挑选合适的模板，稍加修改，便是一份高质量的组织结构图。

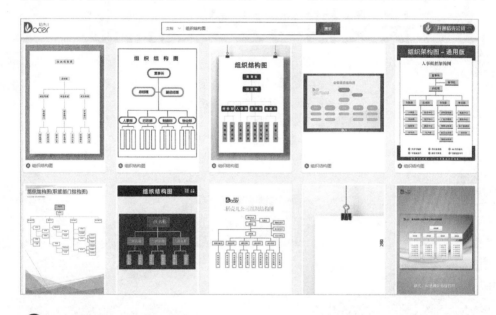

💬 **本章内容小结**

本章主要学习了文档中表格和图形工具的使用方法，包括使用图形工具制作出漂亮的公司简介、使用表格工具制作出美观的求职简历及使用形状工具绘制出大气的组织结构图等。这些都是非常实用的技能，要求读者熟练掌握。

第 3 章我们将一起学习长文档的排版。

第 3 章
长文档与公文的排版

- 科学的排版流程是怎样的？
- 如何应用样式为长文档排版？
- 公文如何排版？
- 如何使用稻壳儿获取培训方案？

本章将为你揭开它们神秘的面纱。

长文档排版不难，
制胜法宝这里看！

　　长文档在实际工作中使用频率特别高，那如何对长文档进行合理排版呢？本章分别讲解科学的排版流程、普通长文档的排版、公文长文档的排版，以及如何使用稻壳儿获取模板并将其修改为优质的长文档等内容。

　　这些内容都是职场中必会的技能，学会了它们，读者就不会再为长文档排版发愁。下面，我们赶快开始学习吧！

3.1　科学的排版流程是怎样的

　　在开始做长文档的排版之前，我们首先需要明确科学的排版流程是怎样的。如下图所示，到底是先录入内容，再对内容进行排版，还是先设置格式，再录入内容呢？

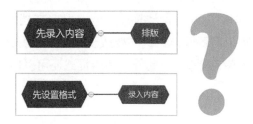

　　其实，大部分人的操作习惯都是先录入内容，把文档内容全部录入完成后，再对整个文档进行排版。当文档内容较少时，这种方法还不错；但当文档内容很多时，后期的排版工作量就会很大，严重影响工作效率。

　　而如果能先将文档的格式设置好，然后在设定好的格式中录入内容，后期的排版最多就是"小修小补"，所用时间较少，可谓一劳永逸。

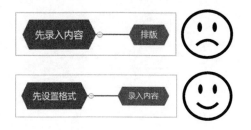

　　所以，关于什么是科学的排版流程，我们得出最终结论：先设置文档的格式（包括先设置页面，再设置样式），然后输入文档的内容，最后预览文档效果（根据需要，看是否对文档进行打印）。

3.2　公司培训方案，这样排版

3.2.1 样式是 WPS 文字的"灵魂"

　　首先，什么是样式？样式是字体、字号和缩进等格式特性的组合，即一组已经命名的字符格式和段落格式的集合。

　　为什么说样式是文档的灵魂呢？因为它能快速排版出高质量的文档。在编排一篇长文档时，如果只使用字体格式和段落格式功能，需要对很多文字和段落进行重复的排版工作，虽大量时间被浪费，文档格式却很难保持一致。而使用样式能减少重复操作，例如要改变使用某个样式的所有文字的格式时，只需修改一下该样式即可。此外，使用样式还可以自动生成目录。

1. WPS 文字的样式在哪里

　　打开 WPS 文字，在【开始】选项卡下和文档右侧任务窗格都可以看到，WPS 自带了一个样式库，用户可以套用系统内置样式来设置文档格式，而工作中经常用到的有【标题 1】【标题 2】【标题 3】和【正文】等几个样式，个别文档会用到【标题 4】，下面就来展示如何套用系统内置样式。

扫码看视频

配 套 资 源	
第 3 章 \ 公司培训方案—原始文件	
第 3 章 \ 公司培训方案—最终效果	

步骤»打开本实例的原始文件，❶选中一级标题文本（"公司年度培训方案"），❷切换到【开始】选项卡，❸选择【标题 1】，❹即可为标题套用样式，❺其他标题和正文按照此步骤套用样式就可以了，不再展示具体步骤，只展示最终效果。

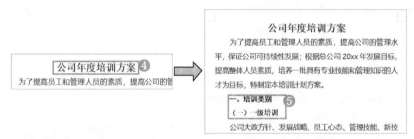

2. 使用格式刷快速应用样式

在为文本应用样式时，如果文档篇幅较短，可以逐个为文本应用样式，但是当文档的篇幅很长时，逐个设置就会浪费大量时间。怎么快速应用样式呢？其实，使用格式刷就可以轻松实现。操作步骤如下。

🖱 使用格式刷应用一次样式

步骤 » 打开本实例的原始文件，❶选中二级标题文本"一、培训类别"，❷切换到【开始】选项卡，❸单击【格式刷】按钮，鼠标指针即变成小刷子形状，❹选中下一个二级标题文本"二、培训的考核和评估"，❺即可为第二个标题文本刷新格式，应用与第一个标题文本相同的样式。

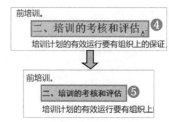

🖱 使用格式刷应用多次样式

步骤 » 打开本实例的原始文件，❶选中三级标题文本"（一）、一级培训"，❷切换到【开始】选项卡，❸双击【格式刷】按钮，鼠标指针即变成小刷子形状，❹依次选中下面的三级标题文本"（二）、二级培训""（三）、三级培训"（也可以选择更多数量的文本，这里只选择两个，是为了方便举例说明），即可为第二个、第三个标题文本刷新格式，应用与第一个标题文本相同的样式。（用完格式刷后，按【Esc】键退出即可。）

3. 新建和修改样式

　　系统自带的样式有时候满足不了排版的要求，如果强行套用内置样式，会使得整体效果不理想，无法满足需求，这时就需要自定义样式。

那应该如何自定义样式呢？新建一个样式和修改原来的样式都可以达到目标，其操作步骤如下。

步骤 1» 新建样式。

打开文档右侧的【样式和格式】任务窗格，❶在任务窗格中单击【新样式】按钮，❷即可在弹出的对话框中，按照自己的需求新建样式，设置字体、字号、对齐方式、行距和段间距、缩进等，❸单击【确定】按钮。（具体步骤同前文，此处不重复。）

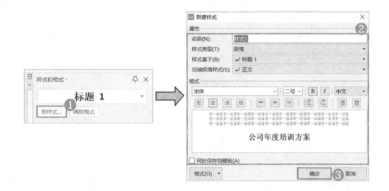

步骤 2» 修改样式。

在【样式和格式】任务窗格中单击【标题 1】下拉按钮，再选择【修改】选项，即可在弹出的对话框中修改样式。（后续的步骤和新建样式的步骤相同，此处不重复。）

3.2.2 通过样式为标题设置级别

通过样式为标题设置级别，是为了方便后面自动生成按级别显示的目录。一般情况下将【标题 1】设置为【1 级】，【标题 2】设置为【2 级】，【标题 3】设置为【3 级】……依此类推。

下面为通过样式为标题设置级别的简要步骤。

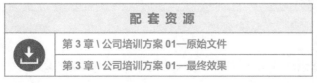

配 套 资 源	
	第 3 章 \ 公司培训方案 01—原始文件
	第 3 章 \ 公司培训方案 01—最终效果

扫码看视频

步骤 » 设置标题级别。

打开本实例的原始文件，在【样式和格式】任务窗格中，❶单击【标题 1】下拉按钮，❷选择【修改】选项，❸在弹出的【修改样式】对话框中单击【格式】按钮，❹选择【段落】选项，❺在弹出的【段落】对话框中将【大纲级别】设置为"1 级"，❻单击【确定】按钮。

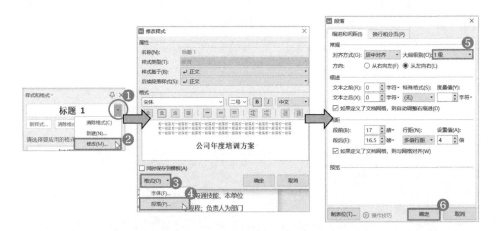

　　按照此步骤，为其他标题样式也设置好大纲级别，即【标题 2】设置为"2 级"，【标题 3】设置为"3 级"，就不再展示具体步骤。

　　接下来，我们将学习分页符的相关知识，为文档进行分页。

3.2.3 分页符，让每个标题都另页起排

　　分页符是用于分页的一种符号，使用分页符可以按照要求快速对文档进行分页。这里我们想让文档中每个 2 级标题（一、培训类别，二、培训的考核和评估……）都另页起排，使用分页符最为合适，以下是简要步骤。

配套资源
第 3 章 \ 公司培训方案 02—原始文件
第 3 章 \ 公司培训方案 02—最终效果

扫码看视频

步骤 » 插入分页符。

打开本实例的原始文件，❶将光标放到 2 级标题"一、培训类别"前，❷切换到【插入】选项卡，❸单击【分页】下拉按钮，❹在弹出的下拉列表中选择【分页符】选项，❺即可将该标题

及文档后面的内容排到下一页。（对后面的 2 级标题都重复进行如上操作，便可达到每个标题另页起排的效果，就不再展示步骤。）

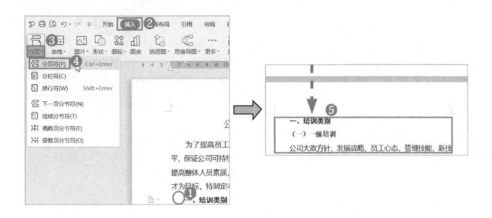

3.2.4 自动生成目录

手动编写目录不仅费时费力，还容易出错。WPS 还有一项非常好用的功能，使用它可以自动生成目录，避免手动编写目录的烦恼。

自动生成目录的前提：必须为各级标题应用样式，且样式都如 3.2.2 中那样设好级别。例如为 1 级标题应用【标题 1】的样式，为 2 级标题应用【标题 2】的样式……因为本小节的原始文件前期已经设置好样式，下面就直接开始自动生成目录的操作吧！

扫码看视频

1. 自动生成目录

步骤 » 打开本实例的原始文件，❶将光标放到文档第一行的行首，❷切换到【引用】选项卡，❸单击【目录】按钮，❹在弹出的下拉列表中选择如下图所示包含 3 级标题的目录，❺在弹出的对话框中单击【是】按钮，❻文档中自动生成目录。

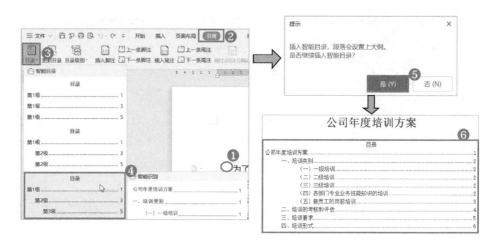

2. 对目录进行美化设置

在自动生成目录之后，我们会发现目录的层级不明显，各个标题之间的间距没有太大差别，页面整体不够美观，这时可以对目录进行相应的美化设置。以下是简要步骤。

步骤1» ❶单击【目录】按钮，❷在弹出的下拉列表中选择【自定义目录】选项，❸在弹出的对话框中单击【选项】按钮。

步骤2» ❶在弹出的对话框中，保持默认设置不变，单击【确定】按钮，这时会返回上一级对话框，再单击一次【确定】按钮（这里不展示截图），❷在弹出的对话框中单击【是】按钮，即可修改目录。

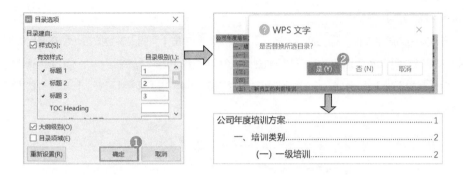

3. 更新目录

文档中的标题被修改后，原来生成的目录就不准确了，因此需要对目录进行及时的更新，更新目录的操作步骤如下。

步骤 » ❶切换到【引用】选项卡，❷单击【更新目录】按钮，❸在弹出的对话框中选中【更新整个目录】单选钮，❹单击【确定】按钮，即可更新目录。

3.2.5 分节符，让正文与目录分别从"1"开始编排页码

分节符是用于分节的一种符号。分节后，可以针对不同的节设置不同的页面和页眉页脚等内容。这里我们想让文档正文与目录分别从"1"开始编排页码，使用分节符最适合。以下是简要步骤。

配 套 资 源		
第 3 章 \ 公司培训方案 04—原始文件		
第 3 章 \ 公司培训方案 04—最终效果		

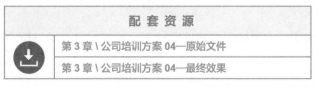

扫码看视频

步骤1» 给文档排好页码。

打开本实例的原始文件，❶切换到【插入】选项卡，❷单击【页码】下拉按钮，❸在弹出的下拉列表中选择【页码】选项，❹在弹出的对话框中，【位置】选择"底端居右"，❺【页码编号】栏中【起始页码】选择"1"，其他保持默认设置不变，❻单击【确定】按钮，即可给文档排好页码。

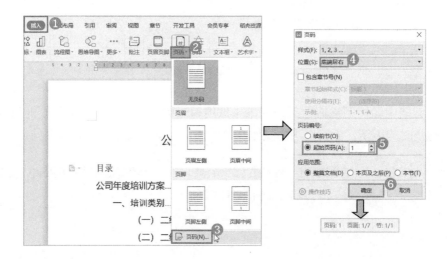

步骤2» 使用分节符分节。

❶将光标放在文档正文前，❷切换到【插入】选项卡，❸单击【分页】下拉按钮，❹在弹出的下拉列表中选择【下一页分节符】选项，删除多余的空白页（比较简单，不再展示步骤），❺即可将文档正文与目录分别从"1"开始编排页码。

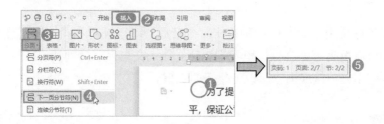

经过以上设置，公司培训方案就完成了，后续对文档进行预览即可。

3.3 　会议纪要这样设置公文版式

　　设置公文版式是读者学习 WPS 时必须要掌握的技能，因为读者工作中的很多场合都需要用到公文版式。而在不强制要求使用公文版式的日常工作情况下，也可以使用公文版式，这会给阅读者以正式和尊重的感觉。

　　下面我们就以"会议纪要"为例，学习如何设置公文版式吧！

3.3.1 　认识文档版面的主要设置内容

　　WPS 文字的版面设置，指的是页面设置，如右图所示，页面设置主要包含如下几个部分：纸张大小、页边距、版心、页眉和页脚等。

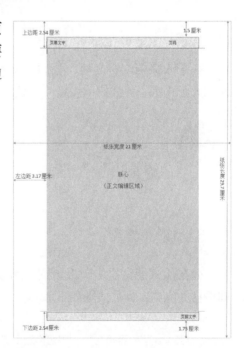

　　下面，我们就简要讲解页面设置的主要元素。

　　纸张大小：WPS 文字默认的纸张类型是 A4 纸型，因此打开【页面设置】对话框，显示的【纸张大小】是"A4"。

　　页边距：页边距是指页面的边线到文字的距离，包括上、下、左、右这 4 个页边距，也就是版心四周的留白。

　　页眉和页脚：通常用来显示文档的附加信息或者放置为文档添加的注释等，页眉在页面的顶部，页脚在页面的底部。

3.3.2 设置纸张的方向和大小

　　在录入文档内容之前，我们需要先设置公文版式，首先要确定纸张的方向和大小，本小节我们以设置"会议纪要"公文版式为例进行介绍。

配套资源

第 3 章 \ 会议纪要—原始文件

第 3 章 \ 会议纪要—最终效果

扫码看视频

1. 设置纸张的方向

　　公文版式通常是纵向设置的，所以，这里我们将"会议纪要"的纸张方向设置为纵向，操作步骤如下。

步骤 » 打开本实例的原始文件，❶切换到【页面布局】选项卡，❷单击【纸张方向】按钮，❸在弹出的下拉列表中选择【纵向】选项，即可将纸张方向设为纵向。

2. 设置纸张的大小

　　公文一般采用 A4 型纸（210mm×297mm），因此将会议纪要的纸张大小设置为 A4 大小（对于需要张贴的公文，其纸张大小要根据实际需要来确定），操作步骤如下。

步骤 » ❶切换到【页面布局】选项卡，❷单击【纸张大小】按钮，❸在弹出的下拉列表中选择【其他页面大小】选项，❹在弹出的【页面设置】对话框中，保持默认设置不变，单击【确定】按钮，即可将纸张大小设置为 A4 大小。

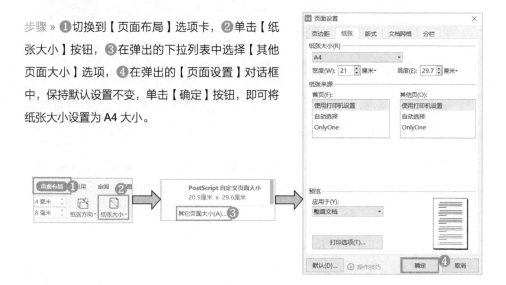

3.3.3 设置页边距

公文用纸上边距为 37mm±1mm（即上边距为 37mm，也可加 1mm 或减 1mm），公文用纸订口为 28mm±1mm，版心尺寸为 156mm×225mm。下面为文档设置页边距。

步骤 » 切换到【页面布局】选项卡，在【页边距】按钮右侧，按照图示数据，设置页边距。

3.3.4 设置页眉和页脚

页眉和页脚常用于显示文档的附加信息，可用来放置日期和时间、单位名称、公司 LOGO、页码、微标等信息。为文档添加页眉和页脚不仅可使文档美观，还能增强文档的可读性。用户可以根据需求对其进行适当的编排，详见后文。

配 套 资 源
第 3 章 \ 会议纪要 01—原始文件
第 3 章 \ 会议纪要 01—最终效果

扫码看视频

1. 首页与其他页，设置不同的页眉和页脚

首页，一般指的是文档的封面，读者经常会有给封面与内容页设置不同的页眉和页脚的需求，那该如何进行设置呢？以下是简要步骤。

步骤 » 打开本实例的原始文件，❶切换到【章节】选项卡，❷勾选【首页不同】复选框，❸单击【页眉页脚】按钮，❹即可分别到首页和文档内容页设置不同的页眉和页脚。

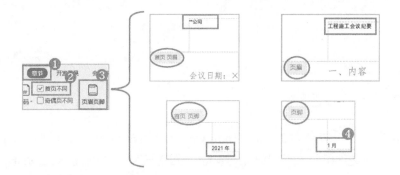

2. 奇偶页，设置不同的页眉和页脚

奇偶页的页眉和页脚在默认情况下是相同的，但读者有时也会有给奇偶页分别设置不同的页眉和页脚的需求，以便提升文档的层次感，增强可读性。那该如何进行设置呢？操作步骤如下。

配 套 资 源
第 3 章 \ 会议纪要 02—原始文件
第 3 章 \ 会议纪要 02—最终效果

扫码看视频

步骤 » 打开本实例的原始文件，❶切换到【章节】选项卡，❷勾选【奇偶页不同】复选框，❸单击【页眉页脚】按钮，❹即可分别到奇数页和偶数页设置不同的页眉和页脚。

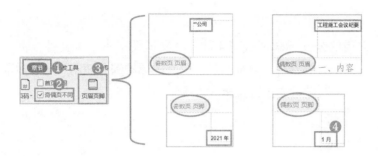

3.3.5 设置公文的文字格式

1. 印装格式

文字符号一律从左到右横写、横排；公文要双面印制，左侧装订。因此，会议纪要如果内容过多，也要双面印制。

2. 字体、字号和文字颜色

公文的文面格式可以分为 3 部分，版头、主体和版记的格式。我们这里以主体部分的格式为例进行讲解。

如果没有特殊说明，公文格式各要素（例如公文的正文部分）一般采用三号仿宋字体，正文标题采用二号方正小标宋字体，公文中的文字颜色均为黑色。各级标题的字体、字号见下图。

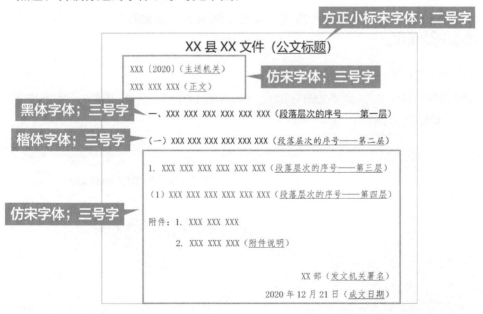

> 提示　　常用的公文标题形式有 4 种，发文机关 + 事由 + 文种、事由 + 文种、发文机关 + 文种，以及文种。公文的标题部分使用二号小标宋字体标识，可一行或分为多行排布。

3. 行数和字数

一般每面排 22 行，每行排 28 字，并撑满版心；特殊情况下可以做适当的调整。

3.3.6　设置公文的段落格式

公文主体部分的字体格式已经设置完成了。接下来，我们要设置公文的段落格式，其具体的操作步骤如下。

配 套 资 源	
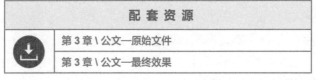 第 3 章 \ 公文—原始文件	
第 3 章 \ 公文—最终效果	

扫码看视频

段落格式包括设置对齐方式、设置段落缩进、设置间距、添加项目符号和编号等操作。

步骤 1» 设置标题的对齐方式。

打开本实例的原始文件，选中文档标题部分，❶切换到【开始】选项卡，❷单击【居中对齐】按钮，❸即可将标题设置为居中对齐。

步骤 **2»** 设置正文的段落缩进、间距。

❶在文档正文部分右击，❷在弹出的快捷菜单中选择【段落】选项，❸在弹出的对话框中将【缩进】栏下的【特殊格式】设置为【首行缩进】，缩进值默认选择【2】，❹在【间距】栏下的【段前】微调框中输入 "1" 行，❺单击【确定】按钮，即可将段落缩进、段间距设置好。

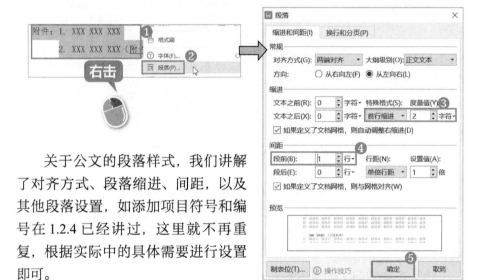

关于公文的段落样式，我们讲解了对齐方式、段落缩进、间距，以及其他段落设置，如添加项目符号和编号在 1.2.4 已经讲过，这里就不再重复，根据实际中的具体需要进行设置即可。

案例： 使用稻壳儿，快速制作"公司培训方案"

案例

在制作类似"公司培训方案"的长文档时，大段正文的录入耗时长，非常辛苦。其实，直接使用稻壳儿就可以了。

主要步骤是从稻壳儿中查找到合适的模板，见下页图。模板下载后，对其进行个性化修改。修改的方法，相信你通过 3.2 节和 3.3 节已经学会了。

其实就是先设置样式，然后为文档的各个部分套用样式，最后看哪里还需改进，进行微调，可根据自己的需要，决定是否设置目录、分页和分节、页眉页脚、项目符号和编号等。修改完成，就可以使用了。

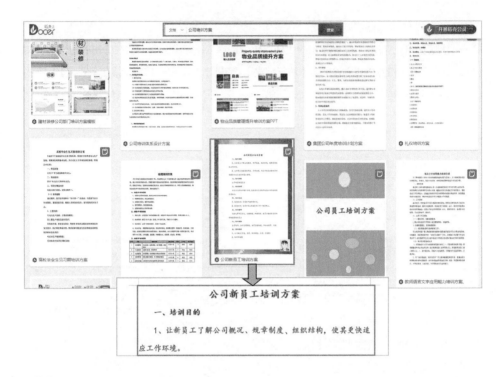

📝 本章内容小结

　　本章主要学习了如下内容：对于长文档来说，科学的排版流程是怎样的；如何快速应用样式进行排版；如何使用分页符及分节符；如何快速生成目录及目录的修改；如何进行公文的排版；如何使用稻壳儿快速获取培训方案模板等。这些处理长文档必备的技能，你都掌握了吗？

　　第 4 章，我们将一起学习文档处理的高效秘籍。

4

第 4 章

高效的文档处理方法

- 如何批量制作邀请函并群发给客户？
- 如何将文档转换为稳定的 PDF 文件？
- 如何批量修改合同中的不规范数据？
- 如何多人协同编辑公司管理制度？

本章将一一为你揭晓。

文档处理秘籍这里看，
工作轻松加愉快！

本章要学习的文档处理高效秘籍主要是从以下几个方面展开的：批量制作并群发邀请函、批量修改合同中的不规范数据、多人协同编辑公司管理制度等。下面，我们就开始逐项学习吧！

4.1   批量制作并群发邀请函

读者可能经常会接到这样的工作任务：学校要给学生制作上千份奖状；公司的财务人员需要制作数百份工资条并群发到员工邮箱中；公司要制作数百份邀请函并群发给客户来联络感情，感谢客户的支持。这些工作的共同点是工作量大、重复性强，如果逐个制作要耗费大量的时间，还容易出错。

对于上述问题，WPS 有一个高效率的处理秘籍，就是使用"域与邮件合并"功能，它能够快速地批量制作文档。下面我们就以"批量制作并群发年会邀请函"为例进行简要的讲解。

4.1.1 使用邮件合并功能批量制作邀请函

使用"邮件合并"功能，需要准备两个文件：一个是"数据源"表格文件，另一个是"主文档"文档文件。经过一系列操作，得到最终的成品。

以下是这 3 个文件的内容。

	A	B	C	D	E	F	G
1	客户编号	客户名称	姓名	称呼	性别	联系方式	邮箱
2	DN0001	北京市公佳**有限公司	施枫	女士	女	131****0336	SLRJ0101@qq.com
3	DN0002	北京市乾富**有限公司	吕立	先生	男	156****0852	SLRJ0102@qq.com
4	DN0003	北京市元优**有限公司	孔伶云	先生	男	130****7607	SLRJ0103@qq.com
5	DN0004	北京市中辉**有限公司	王静欣	女士	女	138****3527	SLRJ0104@qq.com
6	DN0005	北京市百耀**有限公司	曹天乐	先生	男	137****5711	SLRJ0105@qq.com

数据源是一份 WPS 表格，里面包含变量信息——客户姓名和性别，这是需要应用到邀请函上的。WPS 表格第一行必须是标题行，标题行下面是对应的具体信息。

主文档是一份 WPS 文档，也是邀请函的文档模板。模板的制作无外乎两种方法：一种是自己制作；另一种是下载模板。稻壳儿提供了海量模板，此模板就是从稻壳儿中下载的。

成品是一份 WPS 文档，也是邀请函的最终成果，是可以直接发送给客户的。下面，我们就开始具体的制作步骤吧！

配套资源
第 4 章 \ 邀请函—原始文件、客户明细表—原始文件
第 4 章 \ 邀请函—最终效果

扫码看视频

步骤 1» 打开数据源。

打开本实例的原始文件，❶切换到【引用】选项卡，❷单击【邮件】按钮，❸切换到【邮件合并】选项卡，❹单击【打开数据源】下拉按钮，❺在弹出的下拉列表中选择【打开数据源】选项。

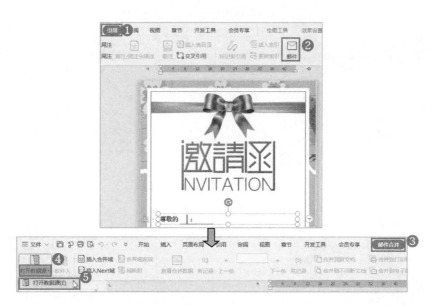

步骤 2» 插入"数据源"表。

❶在弹出的【选取数据源】对话框中选择目标素材文件，❷单击【打开】按钮，❸在弹出的【选择表格】对话框中单击【确定】按钮。

步骤 **3»** 插入合并域。

❶将光标放在"尊敬的"后，❷切换到【邮件合并】选项卡，❸单击【插入合并域】按钮，❹在弹出的对话框中选择"姓名"，❺单击【插入】按钮，❻选择"称呼"，❼单击【插入】按钮，❽此时可以看到"姓名"和"称呼"插入成功，❾单击【关闭】按钮，关闭对话框。

步骤 **4»** 合并到新文档。

❶切换到【邮件合并】选项卡，❷单击【合并到新文档】按钮，❸在弹出的对话框中，保持默认设置不变，单击【确定】按钮，❹在弹出的对话框中单击【是】按钮，❺等待数秒，即可看到生成了 333 页邀请函，将该文档改名为"邀请函 - 最终效果"即可。

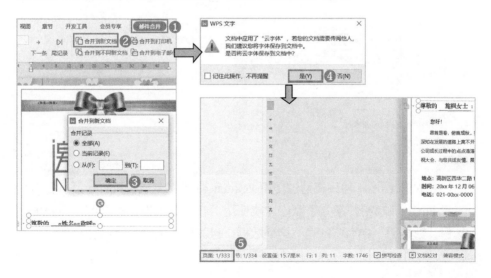

提示

完成邮件合并的整个流程以后，即使成品被删除了也不怕，只需重新单击【合并到新文档】按钮，就可以重新制作成品。

4.1.2 群发邀请函

300 多个邀请函做好后，如何快速群发给客户呢？ WPS 自带邮件群发功能，一键群发非常高效。以下是简要步骤。

步骤 » 在插入合并域后，❶单击【合并到电子邮件】按钮，❷在弹出的对话框中，【收件人】选择【邮箱】，【主题行】输入邮件主题，其他保持默认设置不变，❸单击【确定】按钮，即可发送邮件。

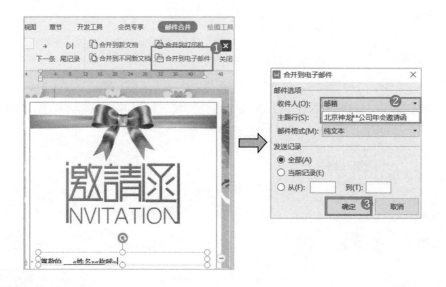

提示

WPS 群发邮件只能通过使用 Foxmail 邮箱来完成，只有计算机安装了 Foxmail 邮箱并建立了账户才能使用。在开始群发邮件之前，需要确保"数据源"中有"邮箱"这列数据，且需要先关闭 WPS 数据表格。

4.1.3 将邀请函文档输出为 PDF 文件

如果这些年会邀请函需要先发给专业人士进行精美制作，再邮寄给客户，那应该如何交接呢？直接发送吗？且慢，这样不仅文件太大了，而且容易被他人不小心修改、弄错。如果先将文档输出为 PDF 文件，再交给他人制作，就能避免这些问题。

为什么这么说呢？因为相比其他格式的文件，PDF 文件不仅安全性好、格式固定、不易被他人修改，而且存储文件占用空间少、便于传输、不存在兼容问题，又方便转换为其他格式。

那应该如何把文档转换成 PDF 文件呢？方法很简单。以下是简要步骤。

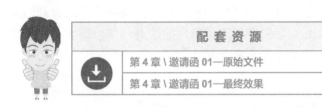

配套资源

第 4 章 \ 邀请函 01—原始文件

第 4 章 \ 邀请函 01—最终效果

扫码看视频

步骤 1» 将 WPS 文档转化为 PDF 文件。

打开本实例的原始文件，❶单击【文件】按钮，❷在弹出的下拉列表中选择【输出为 PDF】选项，在弹出的对话框中，❸单击【开始输出】按钮。

步骤 2» 查看生成的 PDF 文件。

输出完成后，单击【打开文件】按钮，即可看到新生成的 PDF 文件，也是 333 页，将其重命名为"邀请函 01- 最终效果"即可。

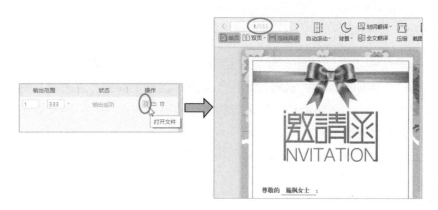

其实，在日常工作的许多场合中，都需要将文档转化为 PDF 文件。例如将工作成果通过微信发送给领导时，如果不进行转化，领导打开后看到的文档格式可能会乱七八糟。其实，只需将工作再向前推进一步，即将工作成果转化为 PDF 文件再发送，就能避免很多问题了。

4.2　批量修改合同中的不规范数据

读者可能经常会见到文档中有很多不规范之处，就如右图所示合同中出现了一些不符合规范的名称（把"甲方""乙方"错误写成了"甲""乙"）、空格、换行符、回车符等。如果逐个修改，如同大海捞针，还不一定能全改对。其实，通过查找和替换就能批量解决这些问题。

下面就以这份合同为例，批量修改其中的不规范数据吧！

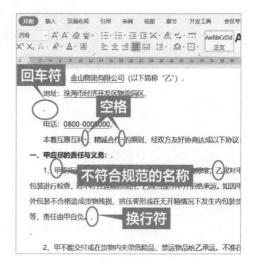

提示

　　要显示这些空格、换行符、回车符等特殊符号，只需单击【开始】选项卡下的【显示 / 隐藏编辑标记】按钮即可。

扫码看视频

4.2.1 批量修改文字

首先，批量将文档中的"甲""乙"分别修改为"甲方""乙方"。以下是简要步骤。

步骤 » 打开本实例的原始文件，❶切换到【开始】选项卡，❷单击【查找替换】下拉按钮，❸在弹出的下拉列表中选择【替换】选项，❹在弹出的对话框【查找内容】文本框中输入"甲"，❺【替换为】文本框中输入"甲方"，❻单击【全部替换】按钮，即可批量修改。（"乙"的修改也参照此方法。）

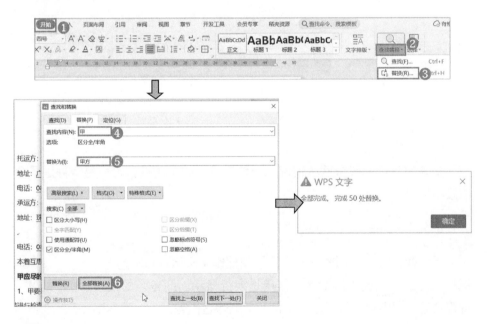

提示

　　想要调出【查找和替换】对话框，使用快捷键是最高效的方法，查找和替换功能对应的快捷键如右图所示。

4.2.2 批量删除空格

那对于文档中出现的多处空格，应该如何批量删除呢？此处应使用快捷键法操作。以下是简要步骤。

步骤 » 打开本实例的原始文件，❶按快捷键【Ctrl+H】，❷在弹出的对话框中的【查找内容】文本框中输入" "（一个空格），【替换为】文本框中不填写任何内容，❸单击【全部替换】按钮，即可批量删除空格。

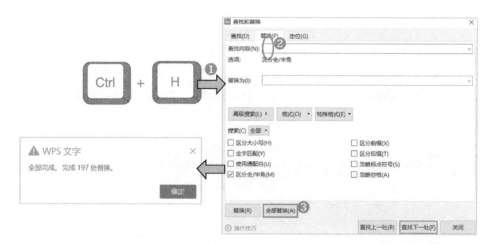

4.2.3 批量删除空行

多余的空行一般分两种情况：一种是多余的手动换行符，另一种是多余的段落标记。

1. 批量删除多余的手动换行符

手动换行符，又叫软回车，是按快捷键【Shift+Enter】产生的，它是一个向下的箭头，作用是换行显示。而多余的换行符会让一段内容分行显示。那该如何删除它们呢？

步骤 » ❶按快捷键【Ctrl+H】，❷在弹出的对话框中，将光标放在【查找内容】文本框中，❸单击【特殊格式】按钮，❹在弹出的下拉列表中选择【手动换行符】选项，❺【查找内容】文本框中就会出现手动换行符的标志，❻【替换为】文本框中不填写任何内容，❼单击【全部替换】按钮，即可批量删除手动换行符。

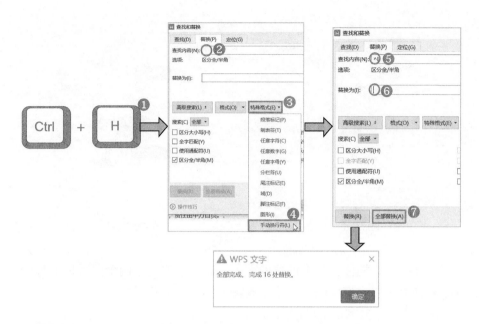

2. 批量删除多余的段落标记

段落标记，又叫硬回车，是按【Enter】键产生的，是一个弯箭头，如右图所示。下面我们开始删除多余的段落标记。以下是简要步骤。

步骤 1» 按快捷键【Ctrl+H】，❶在弹出的对话框中，将光标放在【查找内容】文本框中，❷单击【特殊格式】按钮，❸在弹出的下拉列表中选择【段落标记】选项，❹【查找内容】文本框中就会出现段落标记的符号，❺再次单击【特殊格式】按钮，❻在弹出的下拉列表中选择【段落标记】选项，❼"查找内容"处就会出现两个段落标记的符号。

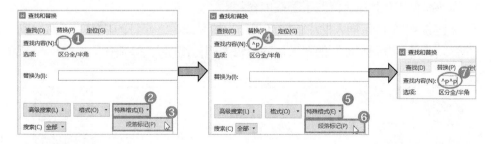

步骤 2» 按照如上方法，❶在【替换为】文本框中输入段落标记的符号，❷单击【全部替换】按钮，❸在弹出的对话框中，显示完成 14 处替换，❹继续单击【全部替换】按钮，直到全部批量删除段落标记为止。

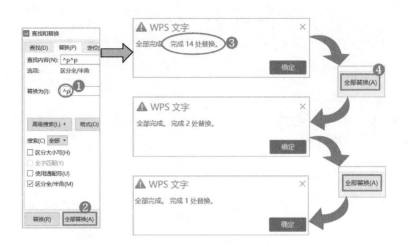

在替换时，为什么在【查找内容】文本框中输入了两个段落标记符号，在【替换为】文本框中输入一个段落标记符号呢？那是为了保留一个段落标记，因为有一个段落标记是正确的。

文档内容都是通过段落标记来进行分段的。在文档的每个段尾都有一个段落标记，则文档分段正常。如果直接在【查找内容】文本框中输入一次段落标记符号，在【替换为】文本框中什么也不输入，整篇文档会变成一段。

4.3　公司管理制度文档，多人协同编辑

　　一份公司管理制度的制定，不是一蹴而就的，作者起草之后，必然要经过至少一位领导的审核和修改。那在这多人协同编辑的过程中，员工如何看到领导都有什么意见、修改了哪些内容呢？

　　其实 WPS 自带插入批注、修订文档、接受或拒绝修订的功能，下面，我们就以"公司考勤制度"的多人协同编辑为例，逐项去学习吧！

配 套 资 源
第 4 章 \ 公司考勤制度—原始文件
第 4 章 \ 公司考勤制度—最终效果

扫码看视频

4.3.1 批注

为考勤制度添加批注，可以更好地追踪文档的修改情况，知道是哪位领导在什么时间修改的文档或提出的意见。操作步骤如下。

步骤 1» 插入批注。

打开本实例的原始文件，❶将光标放在要插入批注的文本处，❷切换到【审阅】选项卡，❸单击【插入批注】按钮，❹在文档的右侧会出现一个批注框，在里面输入批注信息即可。（WPS 的批注信息上面会自动加上用户名及添加批注的时间。）

步骤 2» 删除批注。

只需在批注框上右击，选择【删除批注】命令即可删除批注。

4.3.2 修订文档

批注可以给出一个大致的修改意见，而想给出具体的修改意见，例如添加文字、删除文字、设置文档格式等，就要使用修订的功能了。操作步骤如下。

步骤 » 打开本实例的原始文件，❶将光标放在要修订的文本处，❷切换到【审阅】选项卡，❸单击【修订】下拉按钮，❹在弹出的下拉列表中选择【修订】选项，❺即可添加文字或删除文字。（设置文档格式的操作类似，就不再展示具体步骤。）

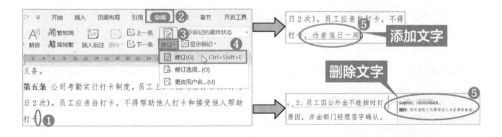

4.3.3 处理修订意见

对于考勤制度中修订的内容，我们可以选择接受或者拒绝修订意见，可以逐条接受或拒绝修订意见，也可以选择全部接受或拒绝修订意见。以下是简要步骤。

1. 逐条接受或拒绝修订意见

步骤 1» 查看修订意见。

打开本实例的原始文件，❶看到光标在下面的修订意见的"核"字上，要对上一条进行操作，❷单击【上一条】按钮，❸此时光标到了上一条修订意见上。

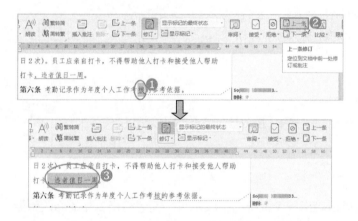

步骤 2» 接受或拒绝修订意见。

❶此时，若单击【接受】按钮，文档会接受该条修订意见，❷若单击【拒绝】按钮，文档会拒绝该条修订意见。

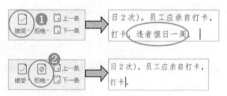

2. 全部接受或拒绝修订意见

步骤 1» 全部接受修订意见。

打开本实例的原始文件，❶切换到【审阅】选项卡，❷单击【接受】下拉按钮，❸在弹出的下拉列表中选择【接受对文档所做的所有修订】选项，❹即可全部接受修订意见。

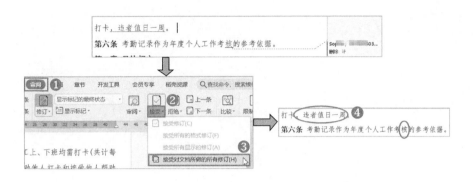

步骤 2» 全部拒绝修订意见。

打开本实例的原始文件，❶切换到【审阅】选项卡，❷单击【拒绝】下拉按钮，❸在弹出的下拉列表中选择【拒绝对文档所做的所有修订】选项，即可全部拒绝修订意见。

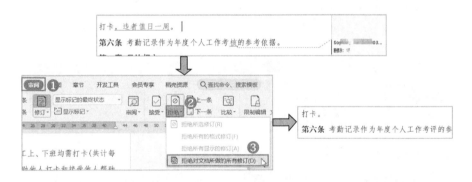

步骤 3» 修订完毕后，退出修订状态。

修订完毕，单击【修订】下拉按钮，在弹出的下拉列表中选择【修订】选项，即可退出修订状态，将文档进行及时的保存即可。

 本章内容小结

　　本章主要学习了如下内容：如何批量制作年会邀请函并进行群发，如何将文档转换为更为稳定的 PDF 文件进行发送，如何批量修改合同中的不规范数据，如何多人协同编辑公司管理制度等，这些高效处理文档的秘籍，你都学会了吗？

　　第 5 章我们将开始 WPS 表格的学习。

第**2**篇

WPS表格：学会数据分析，提高工作效率

WPS表格作为数据处理的工具，拥有强大的计算、分析功能，可以帮助我们将繁杂的数据转化为信息。学完本篇，读者不仅能学会表格操作和表格整理方法，还能学会数据透视表、图表、常见函数的使用方法，以及能进行预算决算分析等。这时，表格会成为你工作晋升的加速器。

5

第 5 章

用好 WPS 表格的
必会基本功

- 正确建表有思路，复制粘贴有学问。
- 选中数据比谁快，填充数据有妙招。
- 数据验证真实用，排序筛选轻松会。
这些小操作，却有大用处。

练好基本功，工作不发愁！

本章作为 WPS 表格部分的第一章，主要讲解表格必会的那些基本功。这是表格学习中最基础同时又特别重要的内容，主要包括如何正确建表、如何选择性粘贴数据、如何快速选中和填充数据、如何使用数据验证使数据更规范、如何排序和筛选数据等。

学好这些基础内容，在操作表格时才能得心用手，并能信心满满地继续去掌握后续那些进阶的内容。下面我们就逐项开始学习吧！

5.1 正确建表，思维先行

在使用表格处理数据时，如果没有良好的表格思维，不但费时费力，且会频频出错；而如果拥有良好的表格思维，工作就会变得轻松。那良好的表格思维都是怎样的呢？下面简单为你介绍。

5.1.1 表格的分类

统计表是用来统计数据、资料的一种概括性表格，通常有单式统计表和复式统计表两种类型。统计表按作用，可以分为 3 种：第一种是收集、登记数据资料的调查表；第二种是统计、整理资料或数据的汇总表，也叫整理表；第三种是对统计好的资料数据进行分析的分析表。

提示

> 将调查表、整理表和分析表严格区分，分别存放在不同的工作表。
> 调查表、整理表是一手数据，要保存好，养成加工分析表时不改变调查表、整理表数据的好习惯。
> 调查表、整理表一般不对外汇报，只是制表人存放数据的地方，在使用数据透视表向外报送数据时，要注意将分析表复制出来，不然会泄露公司信息。

在日常工作中，统计数据资料的单式统计表最常用。单式统计表是只对某一项目的数量进行统计的表格，如下图所示。

	A	B	C	D	E	F	H	I	J	K
1	销售日期	订单号	城市	销售人员	商品名称	商品类别	单位	单价（元）	数量	金额（元）
2	2021-01-01	OP20210101	南京	李思	酥心糖	糖果	罐	58	200	11,600.00
3	2021-01-01	OP20210102	深圳			干货	袋	45	50	2,250.00
4	2021-01-01	OP20210103	南京			袋		65	85	5,525.00
5	2021-01-01	OP20210749	深圳	李思	酥心糖	糖果	罐	58	100	5,800.00

单式统计表

而复式统计表是对两个或两个以上项目进行统计的表格。下图所示为常见的复式统计表。

	A	B	C	D	E	F	G	H
1	商品名称（金额：元）	陈玲	陈鑫磊	陈梅梅	李思	孙婷婷	孙勇	张林
2	QQ糖	43,550.00	68,900.00	43,550.00	122,200.00	30,225.00	158,600.00	31,525.00
3	海米	27,900.00	39,825.00	35,100.00	127,350.00	30,150.00	36,225.00	39,825.00
4	棉花糖	73,140.00	37,100			32,595.00	82,150.00	49,555.00
5	牛皮糖	71,920.00	71,630.0			150,220.00	90,480.00	80,330.00
6	巧克力	156,500.00	116,750.00	78,250.00	117,000.00	138,750.00	98,500.00	80,500.00
7	扇贝丁	40,320.00	106,240.00	27,840.00	83,520.00	32,640.00	66,880.00	136,640.00

复式统计表

5.1.2 单式统计表的制作要点

单式统计表如果从系统导出，一般是标准的，那手动制作有哪些要点呢？

（1）结构简单：单式统计表是一维表，便于后期汇总数据。

（2）拒绝合并单元格：如果单式统计表中有合并单元格，则无法使用数据透视表进行数据统计。

（3）数据分类的顺序要合理：关键数据类别要靠前，紧密相关的数据类别要排在一起。

（4）将数据分类到最末级：将数据类别拆分到不能再分为止。

（5）数据分类的设置，从一开始就要考虑全面：将可能有用的数据类别全部填写进来，避免后期新添加数据类别时的麻烦。

5.1.3 利用稻壳儿，快速创建明细表

读者自己制作明细表时，不仅需要费时费力去搭建结构和进行美化，且容易考虑不周，漏掉一些关键字段，这时使用稻壳儿来获取明细表最简单。

那如何使用稻壳儿快速创建明细表呢？以创建"员工信息表"为例演示操作步骤。

步骤 1» 进入稻壳儿首页，单击【表格频道】。

步骤 2» 使用搜索功能，查找"员工信息表"。

❶在搜索框内输入"员工信息表"后，单击【搜索】按钮，❷找到合适的"员工信息表"，进行下载即可。

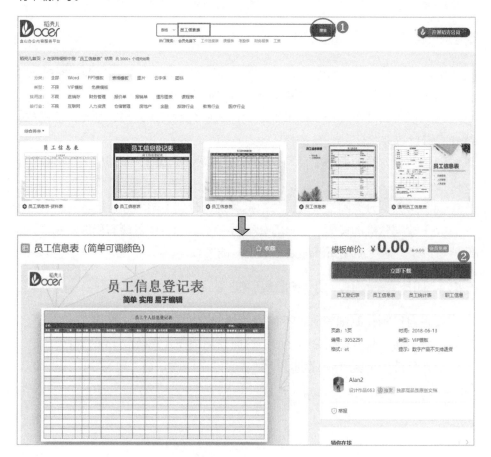

下载模板后，根据自身需求，进行适当修改即可使用。

5.2　工资表，选择性粘贴数据

5.2.1　使用运算粘贴，调整工龄工资

每到年初，公司都需要对全体员工的工龄工资进行调整。假如根据公司最新规定，工龄每多一年，在职员工的"工龄工资"需要加 200 元。那么可以如何在表格中快速调整呢？

把"工龄工资"列的数据复制到一个新工作表中，加一个"辅助"列，"辅助"列的数据都是 200，用加法公式计算出"新的工龄工资"。然后，将"新的工龄工资"数据复制到原工资表中，替换掉旧的"工龄工资"数据。见下图。

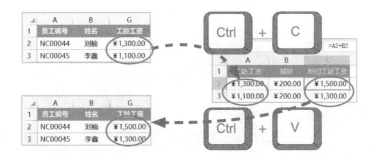

这个过程要经过许多步，不仅效率低，还容易出错。其实，使用运算粘贴，可以直接在原表原列上修改数据。以下是简要步骤。

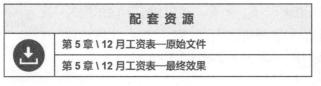

配套资源
第 5 章 \ 12 月工资表—原始文件
第 5 章 \ 12 月工资表—最终效果

扫码看视频

步骤 1» 打开原始文件，开始使用运算粘贴。

❶在工作表的空白区域填写"200"这个数字，❷选中"200"，按快捷键【Ctrl+C】，❸在"工龄工资"列数据上右击，❹在弹出的快捷菜单中选择【选择性粘贴】命令，❺在弹出的子菜单中，选择【选择性粘贴】命令。

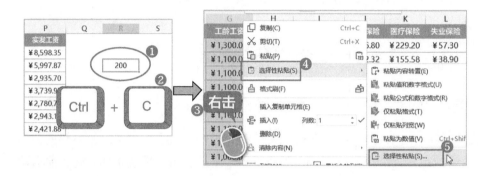

步骤 2» 使用运算粘贴。

在弹出的对话框的【运算】栏中选中【加】单选钮，单击【确定】按钮，即可修改数据。

提示

　　在【选择性粘贴】对话框的【运算】栏中还能选择"减""乘""除"运算。其中"减"和"加"的运算是一个道理，"乘""除"可以用于不同单位的数字的转换，如右图所示"元"和"万元"之间的转换，在实际中，可以灵活使用这些功能。

	A	B
1	金额（元）	金额（万元）
2	15,300.00	1.53
3	95,300.00	9.53
4	27,800.00	2.78
5	93,400.00	9.34
6	83,200.00	8.32

5.2.2 使用数值粘贴，只粘贴工资数值

需要统计全年的税前工资，以便用于全年个人所得税的申报缴纳。所以，需要将员工每月的"应发工资"，即"税前工资"单独建表统计。

如果按照以往的操作习惯，直接将"应发工资"列从"12 月工资表"中粘贴到"税前工资统计表"中，粘贴后，会发现数据出现错误，变成了负数（此处应用了货币符号，带括号的红字代表负数），如下图所示。这是怎么回事呢？

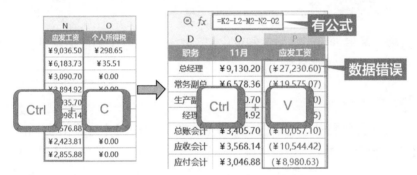

原来，直接粘贴会将原单元格中的公式一并粘贴过来。其实，使用【选择性粘贴】里的【数值】粘贴功能，就会只粘贴数值，不粘贴公式了。

以下是简要步骤。

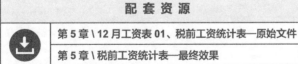
配套资源
第 5 章 \ 12 月工资表 01、税前工资统计表—原始文件
第 5 章 \ 税前工资统计表—最终效果

扫码看视频

步骤 » 使用【选择性粘贴】里的【数值】粘贴。

打开原始文件"12 月工资表 01—原始文件"，❶复制"应发工资"列，❷打开原始文件"税前工资统计表—原始文件"，在 P 列首个单元格上右击，❸在弹出的快捷菜单中选择【选择性粘贴】命令，❹在弹出的子菜单中选择【粘贴为数值】命令，即可只复制数据，❺将复制过来的数据的格式和列标题修改后，就完成操作了。

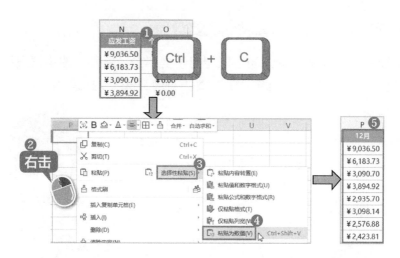

这样，数据就被正确地复制过来了。选择性粘贴中的数值粘贴，适用于只粘贴数值，不粘贴公式和格式。

提示

【选择性粘贴】对话框中还有【公式】【格式】【公式和数字格式】【值和数字格式】等命令，每个命令的功能就是它们的字面意思，见下图所示。使用的道理和【数值】命令是类似的，这里就不一一展示具体的使用步骤了，您可以根据自己的具体工作需要来选择。

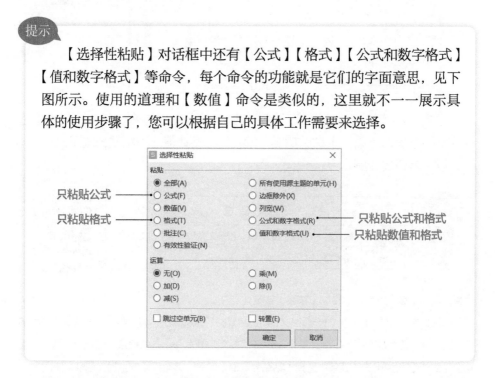

学会选择性粘贴，可以随心所欲的复制粘贴。心动不如行动，快去试试吧！

5.3 销售明细表，选中数据

　　销售部同事经常要对销售明细表进行加工，比如统一字体、更改字号、设置新的格式等，这就需要经常选中整个或者部分明细表的数据。他以往都是以拖曳的方法去选中数据的，但当需要选中较多行数据的时候，效率就会非常低下，见下图。

	A	B	C	D	E	F	G	H	I	J	K
1	销售日期	订单号	城市	销售人员	商品名称	商品类别	规格	单位	单价（元）	数量	金额（元）
2	2021-01-01	OP20210101	南京	李思	酥心糖	糖果	800G	罐	58	200	11,600.00
3	2021-01-01	OP20210102	深圳	李思	海米	海鲜干货	300G	袋	45	50	2,250.00
4	2021-01-01	OP20210103	南京	张林	Q心糖	糖果	1000G	袋	65	85	5,525.00
5	2021-01-01	OP20210749	深圳	李思	酥心糖	糖果	800G	罐	58	100	5,800.00
6	2021-01-01	OP20210750	深圳	陈露露	酥心糖	糖果	800G	罐	58	150	8,700.00

738	2021-12-30	OP20210848	西安	陈梅梅	牛皮糖	糖果	2500G	罐	58	50	2,900.00
739	2021-12-31	OP20210849	贵阳	孙婷婷	酥心糖	糖果	800G	罐	58	50	2,900.00
740	2021-12-31	OP20210850	济南	陈露露	扇贝丁	海鲜干货	400G	袋	64	100	6,400.00

　　其实，使用快捷键法和定位法，就可以快速选中各种工作表数据，节省大量时间，提升工作效率。以下是简要步骤。

配 套 资 源
第 5 章 \ 销售明细表—原始文件
第 5 章 \ 销售明细表—最终效果

扫码看视频

5.3.1 快捷键法，选中整个明细表数据

步骤 » 打开本实例的原始文件，❶将光标放在 A 列首个单元格中，❷按快捷键【Ctrl+Shift+→】，即可选中首行单元格，❸再按快捷键【Ctrl+Shift+↓】，即可选中整个明细表数据。

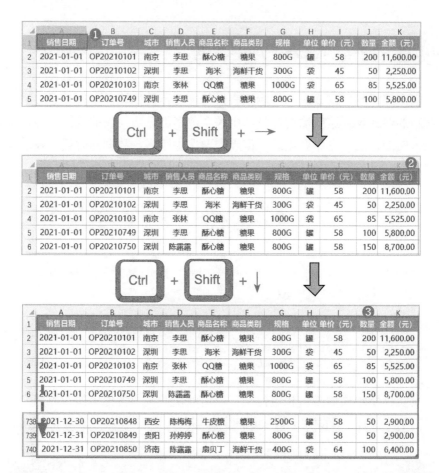

不到 2 秒就可以把整个明细表的数据选中。找到窍门，表格里一些简单的小操作也能蕴含大能量。

> 提示
>
> 如果最后一行有"合计"行，不想选择，按快捷键【Shift+ ↑ 】，回撤一行；如果不想选中最后一列，则按快捷键【Shift+ ← 】，回撤一列。

5.3.2 定位法，选中不同类型的工作表数据

另一种方法，是使用定位法（按快捷键【Ctrl+G】，即可使用定位功能），按照数据本身的类型来选中数据。

1. 选中带有公式的数据

当我们想要选择表格中那些带有公式的数据时,可以使用定位法,不到 3 秒就能辨别出来,又快又准,操作步骤如下。

步骤 » 打开本实例的原始文件,单击工作表中的任一单元格,❶按快捷键【Ctrl+G】,❷在弹出的对话框中切换到【定位】选项卡,❸选中【数据】单选钮,❹勾选【公式】复选框,❺数据类型复选框都勾选,其余的都不选,❻单击【定位】按钮,带公式的单元格立即就被选中了。

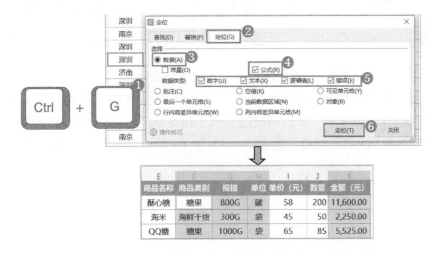

如果想选中“带公式数据”中的“数字”,只需在【定位】对话框中勾选【公式】复选框,再勾选【数字】复选框,并将其他复选框都取消勾选,最后单击【定位】按钮,带公式的数字立即就被选中了。

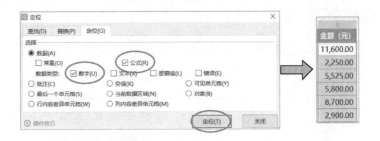

那么，想选中"带公式数据"中的"文本"时，也是同样的道理，只勾选【公式】复选框和【文本】复选框，单击【定位】按钮即可。

2. 选择明细表区域中的"常量"

如果读者想要选中公式之外的数据，该怎么办呢？

可以通过勾选【常量】(常量是指不会变动的数据) 的方式来实现。在【定位】对话框中勾选【常量】，单击【定位】按钮后，就会将除带公式数据外不会变动的数据，即"常量"选中。

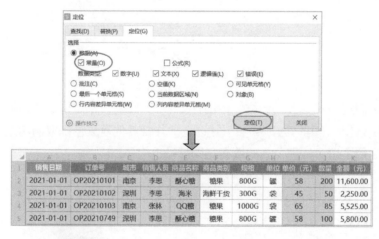

定位法是高手都在用的方法，它可以让你想在选择哪类数据时，精准定位，快速锁定目标。

5.4　应付账款表，填充数据

　　刚毕业的新人有时会接到一项简单的任务：补充和完善应付账款明细表里的数据。用键盘一个个录入数据是新人最常使用的方法，效率低下，如右图所示。

　　其实，你只要学会填充功能，就能快速填写数据。

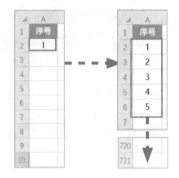

5.4.1　快速填充序列、文本和公式

1. 填充序列

配 套 资 源	
第 5 章 \ 应付账款明细表—原始文件	
第 5 章 \ 应付账款明细表—最终效果	

扫码看视频

步骤 » 打开本实例的原始文件，在 A3 单元格填写序号"2"，选中序号"1"和"2"，将鼠标指针放在单元格右下角，❶这时右下角会出现填充柄，❷双击填充柄，即可将序列填充到表格底部。

火箭般的速度！

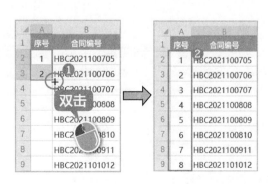

> **提示**
>
> 　　这里需要注意的是，只填写 A2 单元格的序号"1"，双击填充柄后，会将后面的序号全部填充为"1"，这样就无法正确填充序号。所以要填写 A3 单元格的序号"2"，让表格知晓你想要进行"等差填充"的意愿，这样双击填充柄后，才能正确填充序列。

2. 填充文本

　　文本的填充就更简单了。填充好首行后，直接双击右下角填充柄，即可填充好。

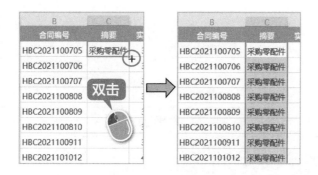

3. 填充公式

　　公式的填充和文本的填充类似，填充好首行后，直接双击右下角填充柄，即可将公式填充到表格底部。

> **提示**
>
> 　　常用的填充方法除了双击法，还有拖曳法：按住右下角填充柄，可以向 4 个方向（向下、向上、向左或向右）拖曳。

5.4.2 智能填充，快速提取和合并数据

　　填充还有一项非常好用的技能，就是智能填充：使用快捷键【Ctrl+E】，可以快速提取关键词和合并字段。下面将分别演示。

配 套 资 源
第 5 章 \ 智能填充—原始文件
第 5 章 \ 智能填充—最终效果

扫码看视频

1. 提取关键词

步骤 » 打开本实例的原始文件，将要提取的第一行的关键词金额 "45" 提取出来，❶单击 C2 单元格，❷按快捷键【Ctrl+E】，即可将关键词填充到表格底部。

　　这样，关键词 "金额" 就被轻松提取出来了。

2. 合并字段

步骤 » 打开本实例的原始文件，将第一行的合并字段手动录入（注意一定要对照着 B2 到 F2 单元格内容正确录入，不能录入错），❶单击 G2 单元格，❷按快捷键【Ctrl+E】，即可将合并字段填充到表格底部。

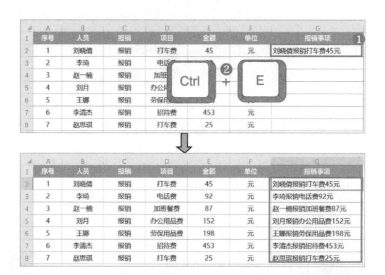

智能填充用来提取和合并数据最方便。

5.5　员工信息表，数据验证让数据更规范

5.5.1 使用下拉列表，数据规范不发愁

人力资源部的同事在收集"员工信息表"的信息时，经常会发现同事们数据填写不规范，就如下图所示，婚姻状况、学历、部门和岗位等即使相同，也有很多叫法，数据的准确性实在太低了。这该怎么解决呢？

	A	B	C	D	E	F	G
1	员工编号	姓名	部门	岗位	性别	婚姻状况	学历
2	NH0001	孙立	总经办	总经理	男	已婚已育	大学本科
3	NH0002	孙爱梅	总经办	常务副总	女	已婚已育	博士研究生
4	NH0003	李先明	总经办	生产副总	女	已婚未育	大学本科
5	NH0004	刘芳芳	总经理办公室	总工程师	女	已育	硕士研究生
6	NH0005	张玲	生产部	经理	女	离异	本科
7	NH0006	陈爱民	生产部	生产主管	男	已婚已育	大学本科
8	NH0007	李可	生产部	主管	女	已婚已育	大学本科
9	NH0008	吴军	生产部	组长	男	未婚未育	大学专科
10	NH0009	钱鑫	技术部	经理	男	已婚已育	大学本科

数据不统一（指向 C4 总经办）

数据不统一（指向 D7 生产主管、D8 主管）

数据不统一（指向 G6 本科、G7 大学本科）

数据不统一（指向 F）

其实为表格设置下拉列表就可以了，其他人只能从下拉列表中选择，不能随意填写，这样就能防止出现填写不规范的情况。

操作步骤如下。

配 套 资 源
第 5 章 \ 员工信息表—原始文件
第 5 章 \ 员工信息表—最终效果

扫码看视频

步骤 1» 准备工作。

打开本实例的原始文件，选中"婚姻状况"列数据，❶ 按【Delete】键，清除内容，新建一个工作表，起名"参数表"，❷ 将"婚姻状况"列需要填写的所有情况写出来，作为参数区域，这个参数区域会在后面下拉列表的选项中用到。

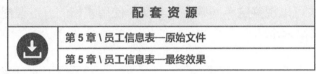

步骤 2» 设置下拉列表。

❶选中"婚姻状况"列，❷切换到【数据】选项卡，❸单击【下拉列表】按钮，❹在弹出的对话框中选中【从单元格选择下拉选项】单选钮，将光标放在文本框中，选择之前做好的婚姻状况的"参数区域"，❺单击【确定】按钮，回到 F2 单元格，❻单击右下角的下拉按钮，可看到下拉列表已经设置好了。

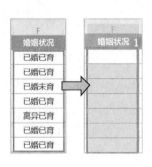

其他下拉列表也这样设置，就不再展示具体步骤。

5.5.2 手机号不满 11 位，表格自动提示

手机号比较长，读者填写数据时不小心少填了一两位数字，也很难发现。有什么办法可以规避这个问题呢？其实，使用表格的"错误提示"功能就可以。以下是简要步骤。

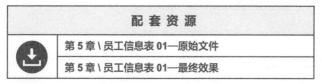

配 套 资 源

第 5 章 \ 员工信息表 01—原始文件

第 5 章 \ 员工信息表 01—最终效果

扫码看视频

步骤 1» 设置错误提示。

打开本实例的原始文件，选中"手机号码"列下的内容，❶切换到【数据】选项卡，❷单击【有效性】下拉按钮，❸在弹出的下拉列表中选择【有效性】选项；❹在弹出的对话框中切换到【设置】选项卡，❺【允许】选择"文本长度"，【数据】选择"等于"，【数值】填写"11"，❻单击【确定】按钮；❼切换到【出错警告】选项卡，❽在【错误信息】文本框中输入"请检查手机号码是否为 11 位！"，❾单击【确定】按钮。

步骤 2» 试一试错误提示的效果。

现在，在单元格中输入手机号码的时候，只要填错位数就会收到"错误提示"。检查后，继续输入正确的位数，"错误提示"就会消失。

D	E	F	G	H	I	
岗位	性别	婚姻状况	学历	手机号码	身份证号	生
总经理	男	已婚已育	大学本科	1845353030	51****197604095634	1976-
常务副总	女	已婚已育	博士研究生	错误提示 ✕	2	1978-
生产副总	女	已婚未育	大学本科	请检查手机号码是否为11位！	5	1973-
总工程师	女	已婚已育	硕士研究生		23****197103068261	1971-

其实，身份证号也可以使用"错误提示"这项功能，设置道理是类似的，就不再展示具体步骤。

 5.6　应付账款表，排序使数据有序

配 套 资 源
第 5 章 \ 应付账款明细表 01—原始文件
第 5 章 \ 应付账款明细表 01—最终效果

扫码看视频

5.6.1　按应付账款结算日期升序排列

财务部的同事时常有这样的需求：将"应付账款明细表"中近半个月要支付的应付账款整理出来，提前走审批流程。

可是"应付账款明细表"数据量很大，平时也没有按照结算日期来进行存放。这该如何提取数据呢？

▲	A	B	C	J	K	L	M	N
1	序号	合同编号	摘要	实际应付款（元）	付款日期	已付金额（元）	结算日期	应付余额（元）
2	1	HBC2021100705	采购零配件	32,000.00	2021-10-10	16,000.00	2021-12-06	16,000.00
3	2	HBC2021100706	采购零配件	32,000.00	2021-10-10	7,000.00	2021-12-06	25,000.00
4	3	HBC2021100707	采购零配件	32,000.00	2021-10-10	6,000.00	2021-11-10	26,000.00
5	4	HBC2021100808	采购零配件	32,000.00	2021-10-11	7,000.00	2021-12-07	25,000.00
6	5	HBC2021100809	采购零配件	32,000.00	2021-10-12	7,000.00	2021-12-07	25,000.00
7	6	HBC2021100810	采购零配件	32,000.00	2021-10-12	6,000.00	2021-12-07	26,000.00

其实，用排序的方法就可以轻松搞定。以下是简要步骤。

步骤 1» 使用排序功能。

打开本实例的原始文件，❶单击 M1 单元格，❷切换到【开始】选项卡，❸单击【排序】下拉按钮，❹在弹出的下拉列表中选择【升序】选项。

步骤 2» 即可将近期半个月的付款信息都查询出来。

	A	B	C	J	K	L	M	N
1	序号	合同编号	摘要	实际应付款（元）	付款日期	已付金额（元）	结算日期	应付余额（元）
2	3	HBC2021100707	采购零配件	32,000.00	2021-10-10	6,000.00	2021-11-10	26,000.00
3	9	HBC2021101113	采购零配件	42,000.00	2021-10-14	12,000.00	2021-11-10	30,000.00
4	7	HBC2021100911	采购零配件	32,000.00	2021-10-12	11,000.00	2021-11-12	21,000.00
5	11	HBC2021101115	采购零配件	42,000.00	2021-10-15	9,000.00	2021-11-15	33,000.00
6	19	HBC2021101623	采购零配件	52,000.00	2021-10-20	11,000.00	2021-11-15	41,000.00
7	25	HBC2021101829	采购零配件	62,000.00	2021-10-20	26,000.00	2021-11-17	36,000.00
8	44	HBC2021102348	采购零配件	82,000.00	2021-10-25	17,000.00	2021-11-22	65,000.00
9	54	HBC2021102458	采购零配件	122,000.00	2021-10-28	25,000.00	2021-11-23	97,000.00
10	66	HBC2021102570	采购零配件	172,000.00	2021-10-28	35,000.00	2021-11-24	137,000.00
11	81	HBC2021102685	采购零配件	412,000.00	2021-10-28	35,000.00	2021-11-25	377,000.00

　　如果想要看金额最大的 5 笔待付款信息，也是类似的道理，对"应付余额（元）"单元格使用【降序】功能，就可以得到想要的结果。

　　但日常工作中还有一些特殊情况，需要用到自定义排序，下面我们一起看看该如何应用。

5.6.2 个性化需求，使用自定义排序

　　当遇到一些比较刁钻的需求，例如需要根据采购人员的名字来对"应付账款明细表"排序（如按照之前采购人员的年度考核排名来对"应付账款明细表"排序），见右图。

　　这就需要用到自定义排序。以下是简要步骤。

步骤 1» 开始使用自定义排序功能。

打开本实例的原始文件，❶单击 D1 单元格，❷切换到【开始】选项卡，❸单击【排序】下拉按钮，❹在弹出的下拉列表中选择【自定义排序】选项。

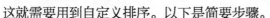

步骤 **2»** 按采购人员的名字排序。

❶在弹出的对话框中,【主要关键字】选择"采购人员",❷【次序】选择"自定义序列",❸弹出【自定义序列】对话框,在【输入序列】文本框里按照想要的顺序输入销售人员的名字,每输入 1 个名字,按【Enter】键隔开,再输入下 1 个,输完后,❹单击【添加】按钮,❺单击【确定】按钮。

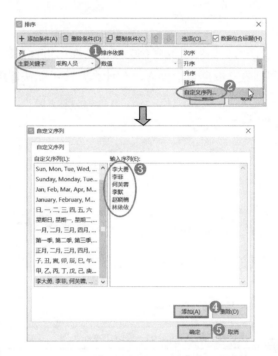

步骤 **3»** 得到排序结果。

返回【排序】对话框,单击【确定】按钮,即可排好序。

5.7   销售明细表，筛选出不同片区的数据

5.7.1 数据摘取，就用筛选

1. 单条件筛选

读者接到一项任务：需要查询名称为"酥心糖"的商品的 2021 年全年销售数据。"销售明细表"数据量很庞大，有什么方法可以快速查询呢？

	A	B	C	D	E	F	G	H	I	J	K
1	销售日期	订单号	城市	销售人员	商品名称	商品类别	规格	单位	单价（元）	数量	金额（元）
2	2021-01-01	OP20210101	南京	李思	酥心糖	糖果	800g	罐	58.00	200	11,600.00
3	2021-01-01	OP20210102	深圳	李思	海米	海鲜干货	300g	袋	45.00	50	2,250.00
4	2021-01-01	OP20210103	南京	张林	QQ糖	糖果	1000g	袋	65.00	85	5,525.00
5	2021-01-01	OP20210749	深圳	李思	酥心糖	糖果	800g	罐	58.00	100	5,800.00
738	2021-12-30	OP20210848	西安	陈梅梅	牛皮糖	糖果	2500g	罐	58.00	50	2,900.00
739	2021-12-31	OP20210849	贵阳	孙婷婷	酥心糖	糖果	800g	罐	58.00	50	2,900.00
740	2021-12-31	OP20210850	济南	陈蕾蕾	扇贝丁	海鲜干货	400g	袋	64.00	100	6,400.00

其实，表格里面的筛选功能，就可以解决这个问题。以下是简要步骤。

配套资源	
第 5 章 \ 销售明细表 01—原始文件	
第 5 章 \ 销售明细表 01—最终效果	

扫码看视频

步骤 1» 调出筛选按钮。

打开本实例的原始文件，单击工作表首行任一单元格，按快捷键【Ctrl+Shift+L】，即可调出筛选按钮（在首行每个单元格的右下角）。

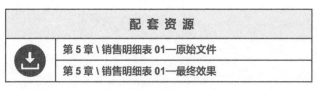

	A	B	C	D	E	F	G	H	I	J	K
1	销售日期	订单号	城市	销售人员	商品名称	商品类别	规格	单价	单价（元）	数量	金额（元）
2	2021-01-01	OP20210101	南京	李思	酥心糖	糖果	800g	罐	58.00	200	11,600.00
3	2021-01-01	OP20210102				干货			45.00	50	2,250.00
4	2021-01-01	OP20210103	Ctrl	+	Shift	果+		L	65.00	85	5,525.00
5	2021-01-01	OP20210749				果			58.00	100	5,800.00
6	2021-01-01	OP20210750	深圳	陈蕾蕾	酥心糖	糖果	800g	罐	58.00	150	8,700.00
7	2021-01-02	OP20210104	济南	陈梅梅	酥心糖	糖果	800g	罐	58.00	50	2,900.00

步骤 **2**» 筛选"酥心糖"全年销售数据。

❶单击"商品名称"单元格右下角的筛选按钮，❷在弹出的下拉列表中勾选【酥心糖】复选框，❸单击【确定】按钮，即可将"酥心糖"的 2021 全年销售数据筛选出来。（使用选择性粘贴即可将它们复制到需要的区域中，就不再展示具体步骤。）

这速度，我喜欢！

用筛选查找数据是不是效率非常高呢？所以找对方法很重要。

2. 多条件筛选

假设读者在工作中又接到了如下任务：想获取 2021 年"南京"的"海米"销售数据。这样就有两个条件了，一个条件是"城市"为"南京"，另一个条件是"商品名称"为"海米"，该怎么操作呢？以下是简要步骤。

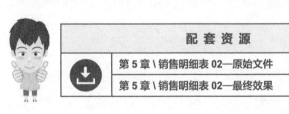

配 套 资 源
第 5 章 \ 销售明细表 02—原始文件
第 5 章 \ 销售明细表 02—最终效果

扫码看视频

步骤 »❶单击【城市】单元格右下角的筛选按钮（调出筛选按钮步骤同前文，此处不重复），❷在弹出的下拉列表中勾选【南京】复选框，❸单击【确定】按钮，❹单击【商品名称】单元格右下角的筛选按钮，❺在弹出的下拉列表中勾选【海米】复选框，❻单击【确定】按钮，❼即可将 2021 年南京海米的销售数据筛选出来。（使用选择性粘贴即可将它们复制到需要的区域中，步骤同前文，此处不重复。）

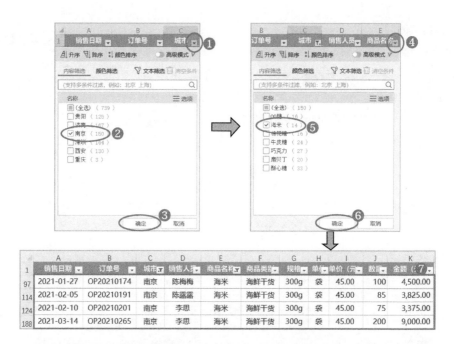

如果想要其他查询结果，也是类似的道理，将筛选条件进行灵活组合，就可以筛选出想要的数据。

3. 取消筛选

那用完筛选功能后，如何使"销售明细表"恢复到未筛选前，显示全部的数据呢？只要将光标放在表格内任意一个单元格，按快捷键【Ctrl+Shift+L】就可以。

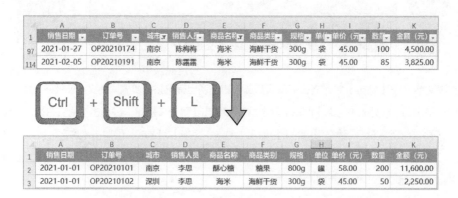

5.7.2　筛选到指定区域，使用高级筛选

前面用筛选功能，都需要将筛选出来的数据，选择性粘贴到新的区域中，那是否有办法不经过选择性粘贴，直接将筛选出来的数据放到新的区域中呢？

其实，使用高级筛选功能就可以做到。高级筛选就是我们提前把筛选条件写好，然后利用筛选条件，快速将数据筛选出来。还是以筛选"南京的海米销售数据"为例。以下是简要步骤。

配 套 资 源
第 5 章 \ 销售明细表 03—原始文件
第 5 章 \ 销售明细表 03—最终效果

扫码看视频

步骤 1» 写出筛选条件。

写出筛选条件，"南京的海米销售数据"可以分解为两个条件："城市"是"南京"，"商品名称"是"海米"。

K	L	M	N
金额（元）		城市	商品名称
11,600.00		南京	海米
2,250.00			
5,525.00			

> 提示
>
> 筛选条件的填写必须准确，和原始表要完全一致：第一行是项目名称，第二行是条件，不然无法使用高级筛选。

步骤 2» 选择高级筛选。

单击工作表的任一单元格，❶切换到【开始】选项卡，❷单击【筛选】下拉按钮，❸在弹出的下拉列表中选择【高级筛选】选项。

步骤 3» 根据筛选条件，筛选南京的海米销售数据。

弹出【高级筛选】对话框，❶【方式】选择【将筛选结果复制到其他位置】，❷【列表区域】自动选择整个原始表数据，【条件区域】选择刚才填写的筛选条件区域【M1 到 N2】，【复制到】选择我们要放置结果的区域的第一个单元格 A743，❸单击【确定】按钮，即可成功筛选到新区域。

743	销售日期	订单号	城市	销售人员	商品名称	商品类别	规格	单位	单价 (元)	数量	金额 (元)
744	2021-01-27	OP20210174	南京	陈梅梅	海米	海鲜干货	300g	袋	45.00	100	4,500.00
745	2021-02-05	OP20210191	南京	陈露露	海米	海鲜干货	300g	袋	45.00	85	3,825.00
746	2021-02-10	OP20210201	南京	李思	海米	海鲜干货	300g	袋	45.00	75	3,375.00
747	2021-03-14	OP20210265	南京	李思	海米	海鲜干货	300g	袋	45.00	200	9,000.00
748	2021-04-04	OP20210307	南京	李思	海米	海鲜干货	300g	袋	45.00	200	9,000.00

这就是高级筛选功能的用法，你都掌握了吗？

本章内容小结

通过本章的学习，你都掌握正确建表的思维、选择性粘贴、选中和填充数据、数据验证、排序和筛选等这些必会的基本功了吗？

有了正确的建表思维，明细表和报表两种表格分别管理，表格再多也不乱；用了选择性粘贴，想怎么粘贴就怎么粘贴，再也不用担心粘贴错；会了选中和填充数据，瞬间选中和填充想要的数据；掌握排序可以按照我们的想法对数据进行排序，筛选可以按条件查找出合适的数据。

第 6 章，我们将学习表格数据的批量整理。

6

第 6 章

表格数据不规范，
批量整理有方法

- 查找替换真好用，重复数据批量删。
- 合并数据快分列，巧用定位不用忙。
学会它们，摆脱重复性的工作。

找对方法，工作事半功倍！

愉快、高效地工作一直是我们的追求，本章的内容就能充分体现。针对表格中存在的问题，找对方法进行批量整理，主要包括查找数据和批量替换错误数据、批量删除重复数据、实现对不应合并的数据的快速分列、使用定位功能批量整理数据等，提高工作效率。

下面我们就逐项开始学习吧！

6.1　使用查找和替换，快速整理"员工信息表"数据

配 套 资 源	
第 6 章 \ 员工信息表—原始文件	
第 6 章 \ 员工信息表—最终效果	

扫码看视频

6.1.1　查找数据

因员工数据经常变动，如入职、离职、结婚、生子等，人力资源部的同事经常需要从员工信息表中查询数据、进行修改。学会使用查找功能，便能迅速找到目标。

下面，我们以查找员工"华敏"的数据为例，一起看看该如何操作吧！

步骤 » 打开本实例的原始文件，单击工作表任一单元格，按快捷键【Ctrl+F】，❶在弹出的对话框中的【查找内容】文本框中输入"华敏"，❷单击【查找全部】按钮，❸"华敏"的信息即可查询出来，接下来可以根据需要对他的信息进行修改。

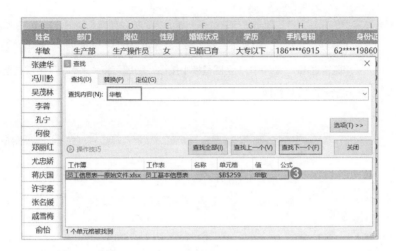

想要查找其他员工的信息，也是同样的道理，都可以按照此方法查询。

6.1.2 替换错误数据

当部门名称发生更改，例如"采购部"改成"采购管理部"时，需要批量修改部门名称。如果还是使用查找功能，查找到再逐个修改就太费时费力了，如下图所示，总共 18 条数据，逐个修改可能要花 5 分钟时间，还容易改错。

这时，就需要使用替换功能，它可以进行批量替换。操作步骤如下。

步骤 » 打开本实例的原始文件，单击工作表的任一单元格，按快捷键【Ctrl+F】，❶在弹出的对话框中，切换到【替换】选项卡，❷在【查找内容】文本框中输入"采购部"，❸在【替换为】文本框中输入"采购管理部"，❹单击【全部替换】按钮，❺即可将"采购部"全部更新为"采购管理部"，提示进行了 18 处替换。

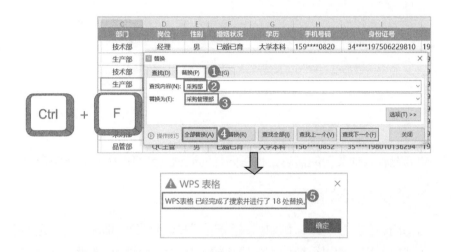

批量替换功能就是这么好用，学会了它，在实际工作中批量修改数据，速度快得"如有神助"。

6.2　批量删除和突出显示重复数据

6.2.1　批量删除重复数据

有时操作不当，员工信息表中就会出现重复的数据，着实让人头疼，如下图所示。该怎么快速删除这些重复的数据，让每条数据唯一呢？

	A	B	C	D	E	F	G	H
1	员工编号	姓名	部门	岗位	性别	婚姻状况	学历	手机号码
2	NH0001	孙立	总经办	总经理	男	已婚已育	大学本科	138****1921
3	NH0002	孙爱梅	总经办	常务副总	女	已婚已育	博士研究生	156****7892
4	NH0002	孙爱梅	总经办	常务副总	女	已婚已育	博士研究生	156****7892
5	NH0003	李先明	总经办		女	已婚未育	大学本科	132****8996
6	NH0003	李先明	总经办	生产副总	女	已婚未育	大学本科	132****8996
7	NH0004	刘芳芳	总经办	总工程师	女	已婚已育	硕士研究生	133****6398

其实用删除重复值这个功能就可以轻松搞定。我们观察员工信息表各项目，"员工编号"是唯一的，所以，我们就以"员工编号"这一列为对象来进行删除重复值的操作。

以下是简要步骤。

配 套 资 源
第 6 章 \ 员工信息表 01—原始文件
第 6 章 \ 员工信息表 01—最终效果

扫码看视频

步骤 » 打开本实例的原始文件，单击工作表中的任一单元格，❶切换到【数据】选项卡，❷单击【重复项】按钮，❸在弹出的下拉列表中选择【删除重复项】选项，❹在弹出的对话框中勾选【员工编号】复选框，❺单击【删除重复项】按钮，即可将重复记录全部删除，只保留唯一记录。

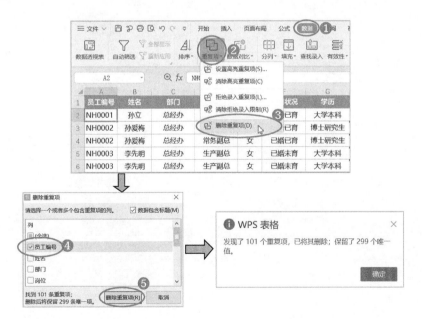

这样，100 多条重复数据瞬间被删除了。是不是非常高效呢？

表格还有一项很实用的功能，就是用颜色突出显示重复数据，这样一眼就能看出有没有重复数据，哪些是重复数据，以方便数据的后续加工整理。

操作步骤如下。

6.2.2 突出显示重复数据

1. 突出显示重复数据

配 套 资 源
第 6 章 \ 员工信息表 02—原始文件
第 6 章 \ 员工信息表 02—最终效果

扫码看视频

步骤 » 打开本实例的原始文件，❶选中 A 列，❷切换到【开始】选项卡，❸单击【条件格式】按钮，❹在弹出的下拉列表中选择【突出显示单元格规则】选项，❺在弹出的子列表中选择【重复值】选项，❻在弹出的对话框中，保持默认设置不变，单击【确定】按钮，❼即可将重复数据用颜色突出显示出来。

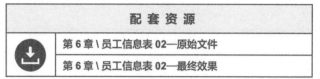

这样，重复数据就被突出显示出来了。以颜色突出显示重复数据，是不是非常直观呢？如果需要更换其他颜色，可以在【重复值】对话框中进行更换。

如果想取消显示重复数据，该如何操作呢？

2. 取消显示重复数据

配 套 资 源
第 6 章 \ 员工信息表 03—原始文件
第 6 章 \ 员工信息表 03—最终效果

扫码看视频

步骤 » 打开本实例的原始文件，❶选中 A 列，❷切换到【开始】选项卡，❸单击【条件格式】按钮，❹在弹出的下拉列表中选择【清除规则】选项，❺在弹出的子列表中选择【清除所选单元格的规则】选项，❻即可将重复记录取消突出显示。

重复值再多都不怕，都能轻松删除，也能快速突出显示和取消显示它们，真的太方便啦！

6.3 使用分列功能，对"办公用品需求表"数据进行分列

配 套 资 源
第 6 章 \ 办公用品需求表—原始文件
第 6 章 \ 办公用品需求表—最终效果

扫码看视频

后勤部的同事发现拿到手中的办公用品需求表中，需求部门和名称、数量和单位、用途和是否急用合并填写了，见下图。这样不便于准确统计办公用品的需求数据，该怎么办呢？

其实使用 WPS 表格自带的"分列"功能就可以轻松将这些错误合并的数据进行分列，常用的分列方式有按照固定宽度和分隔符号分列。WPS 表格还自带一项非常好用的智能分列功能，接下来简要介绍它们的使用方法。

6.3.1　按照固定宽度分列

步骤 1» 开始使用分列向导。

打开本实例的原始文件，❶在 F 列后插入一个新列（因为要将一列分成两列，新列可以方便存放分列后的数据），❷选中 F 列，❸切换到【数据】选项卡，❹单击【分列】下拉按钮，❺在弹出的下拉列表中选择【分列】选项，❻在弹出的对话框中选中【固定宽度】单选钮，❼单击【下一步】按钮。

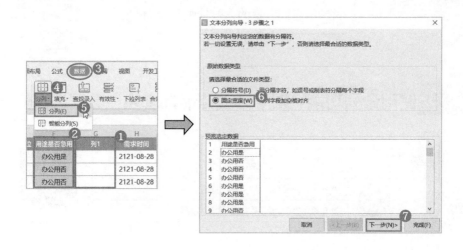

步骤 **2»** 选择分列位置。

❶在【数据预览】框中要分列的地方单击，会出现一根黑色带箭头的线，这根线将一列内容分隔成两部分，❷单击【下一步】按钮。

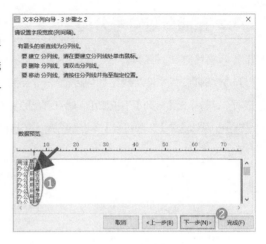

步骤 **3»** 完成分列。

【列数据类型】和【目标区域】都保持默认设置不变，❶单击【完成】按钮，❷在弹出的对话框中单击【是】按钮，❸即可将数据分列，修改好项目名称，得到最终效果。

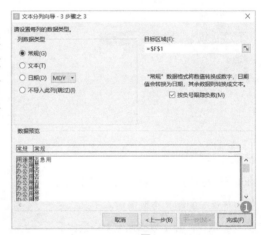

　　"用途"和"是否急用"已经成功分列，那"需求部门"和"名称"该怎么分列呢？其实，也能使用固定宽度这种方法，然后批量删除标点符号来达到目的，但此处使用分隔符号的方法，更适合。

　　以下是简要步骤。

6.3.2 按照分隔符号分列

步骤 1» 开始使用分列向导。

打开本实例的原始文件，❶在 D 列后插入一个新列——E 列，❷选中 D 列，❸切换到【数据】选项卡，❹单击【分列】下拉按钮，❺在弹出的下拉列表中选择【分列】选项，❻在弹出的对话框中，默认选中【分隔符号】单选钮不变，单击【下一步】按钮。

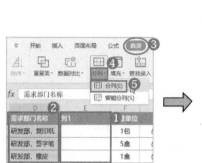

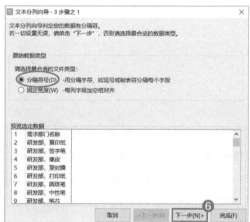

步骤 2» 设置分隔符号。

在【分隔符号】中，❶勾选【其他】复选框，并在后面的文本框中输入中文逗号"，"，这时，❷【数据预览】中会出现一根黑线，将一列内容分隔成两部分（分隔符号中有逗号这个选项，为什么不直接勾选呢？这是因为这个逗号是英文逗号），❸单击【下一步】按钮。

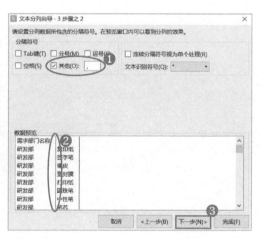

步骤 3» 完成分列。

【列数据类型】和【目标区域】都保持默认设置不变，❶单击【完成】按钮，❷在弹出的对话框中单击【是】按钮，❸即可将数据分列，修改好项目名称，得到最终效果。

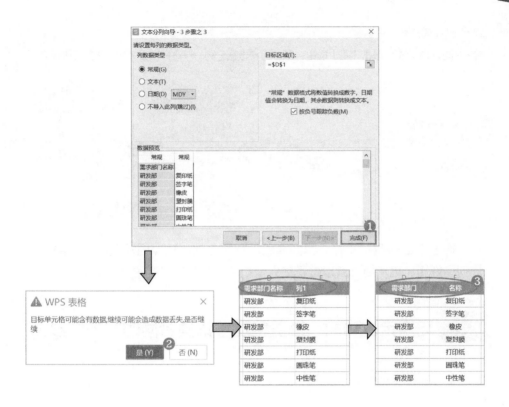

6.3.3 智能分列

步骤 1» 开始使用智能分列。

❶在 F 列后插入一个新列，❷选中 F
列，❸切换到【数据】选项卡，❹单
击【分列】下拉按钮，❺在弹出的下
拉列表中选择【智能分列】选项，❻
在弹出的对话框中，检查分列的效果，
没有问题后，单击【完成】按钮。

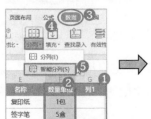

步骤 **2»** 完成分列。

❶在弹出的对话框中单击【是】按钮，❷即可将数据分列，修改好项目名称，得到最终效果。

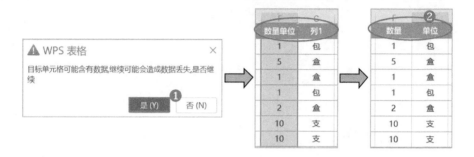

通过上面的演示步骤，我们发现，智能分列比按照固定宽度和分隔符号分列更好用、更便捷，所以推荐优先使用智能分列功能来进行分列。

6.4 巧用定位功能，批量整理"销售合同明细表"数据

6.4.1 批量将空值修改为"0"

打开销售合同表，发现有好多空白单元格。经过查看，发现原来这些空着不填的单元格，数据本应是"0"，但没有填写，出现了大量的空值。这些空值的存在，不便于数据后续的加工和整理，需要将数据"0"补上。

	A	B	C	D	E	F	G	H	I	J
1	合同日期	所属月份	客户名称	合同号	商品名称	付款方式	单位	单价(元)	数量	金额（元）
2	2021-01-01	1月	福到超市	NH20210102	酥心糖	三个月结	800G	56.00	300	16,800.00
3	2021-01-01	1月	鹏展超市	NH20210749	海米	月结	300G	60.00	400	24,000.00
4	2021-01-01	1月	开心超市	NH20210103	QQ糖	月结	1000G	45.00		-
5	2021-01-01	1月	钱进超市	NH20210750	海米	三个月结	300G	60.00	200	12,000.00
6	2021-01-01	1月	李家超市	NH20210101	海米	月结	300G	60.00	400	24,000.00
7	2021-01-02	1月	百胜超市	NH20210105	棉花糖	月结	1500G	69.00		-
8	2021-01-02	1月	爱琴海超市	NH20210104	海米	三个月结	300G	60.00	350	21,000.00
9	2021-01-03	1月	福到超市	NH20210107	巧克力	月结	500G	72.00		-
10	2021-01-03	1月	鹏展超市	NH20210109	巧克力	月结	500G	72.00		

逐个修改效率低下，怎样才能快速将这些空值都修改为"0"呢？

其实，使用表格里面的定位功能，就能把所有空值都选中，然后批量修改为"0"。以下是简要步骤。

配　套　资　源
第 6 章 \ 销售合同明细表—原始文件
第 6 章 \ 销售合同明细表—最终效果

扫码看视频

步骤 1» 定位空值。

打开本实例的原始文件，将工作表数据全部选中（方法同前文，此处不重复），按快捷键
【Ctrl+G】，弹出【定位】对话框，选中【空值】单选钮，单击【定位】按钮。

步骤 2» 将定位的空值，都修改为"0"。

将所有空值都选中，在第一个单元格输入"0"，按快捷键【Ctrl+Enter】，即可将所有空值都修
改为"0"。（注：数据使用的是会计专用格式，所以显示为"-"。）

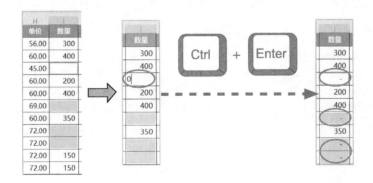

　　所有的空值就快速修改为"0"了，这样后续表格的加工就不再受影响
了，这个方法在实际工作中是不是非常实用呢？

6.4.2 批量删除小计行

有时，销售合同表中还会出现小计行，不便于数据的后期整理，就像下图所示的表格，有什么办法可以快速删除小计行呢？

	A	B	C	D	E	F	G	H	I	J
120	2021-05-14	5月	开心超市	NH20210387	QQ糖	月结	1000G	45.00	400	18,000.00
121	小计									481,535.00
122	2021-06-01	6月	钱进超市	NH20210424	牛皮糖	月结	2500G	98.00	450	44,100.00
134	2021-06-10	6月	鹏展超市	NH20210441	扇贝丁	三个月结	400G	80.00	320	25,600.00
135	2021-06-10	6月	开心超市	NH20210442	QQ糖	月结	1000G	45.00	310	13,950.00
136	小计									370,665.00
137	2021-07-09	7月	月亮湾超市	NH20210499	牛皮糖	月结	2500G	98.00	350	34,300.00
138	2021-07-09	7月	爱琴海超市	NH20210500	巧克力	月结	500G	72.00	450	32,400.00
152	2021-07-26	7月	李家超市	NH20210533	酥心糖	月结	800G	56.00	130	7,280.00
153	2021-07-29	7月	百胜超市	NH20210539	酥心糖	月结	800G	56.00	100	5,600.00
154	小计									335,150.00

可以先观察一下，这个小计行是不是空值所在行？如果是，我们可以先定位空值，再删除空值所在行，就可以了。以下是简要步骤。

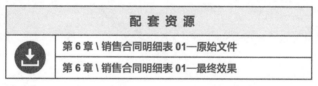

配 套 资 源
第 6 章 \ 销售合同明细表 01—原始文件
第 6 章 \ 销售合同明细表 01—最终效果

扫码看视频

步骤»打开本实例的原始文件，定位空值（步骤同前文，此处不展示），在定位的任意一个空值上右击，在弹出的快捷菜单中选择【删除】命令，在弹出的子菜单中选择【整行】命令，即可将所有小计行删除。

6.4.3 清除数据，只保留公式模板

在建立表格时，如"销售合同明细表"，我们还可能遇到清除数据、只保留公式模板的需求，这个也可以通过定位功能实现。操作步骤如下。

配　套　资　源
第 6 章 \ 销售合同明细表 02—原始文件
第 6 章 \ 销售合同明细表 02—最终效果

扫码看视频

步骤 » 打开本实例的原始文件，选中除第一行以外的工作表数据，调出定位功能（步骤可参照前文），❶先勾选【常量】复选框，❷再勾选【数字】【文本】【逻辑值】【错误】复选框，❸单击【定位】按钮，即可把工作表中所有非公式数据都选中，按【Delete】键，❹就可以清除数据，只保留公式。

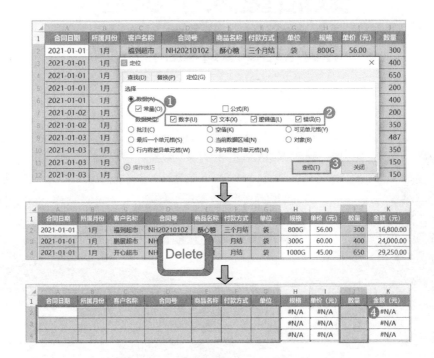

这样，使用定位功能就可以快速清除数据，保留公式模板了。

第 7 章

数据量大不发愁，就用数据透视表

- 数据量非常大，数据透视表来帮忙。
- 对数据透视表进行简单美化。
- 使用切片器打造动态数据。

配合数据透视图，提升展示效果。

灵活使用数据透视表，
分析海量数据不发愁！

数据透视表是表格学习中特别重要的内容，它能够快速汇总、分析数据，还有切片器、数据透视图等功能可以对数据进行多维度展现，能让庞大的数据"听你话"，帮你随心所欲展现数据。

本章主要学习数据透视表的哪些功能呢？别急，下面为你逐项揭晓！

7.1　制作销售明细表，快速统计销售数据

销售部的同事接到一项新工作任务，需要按"城市"和"商品名称"这两个条件汇总 2021 年销售数据，如果采用筛选的方法从明细表中筛选出每个数据，再逐个复制粘贴到汇总表中，工作量太大不说，还容易粘贴错数据，见下图。这该怎么办呢？

	A	B	C	D	E	I	J	K
1	销售日期	订单号	城市	销售人员	商品名称	单价（元）	数量	金额（元）
2	2021-01-01	OP20210101	南京	李思	酥心糖	58	200	11,600.00
3	2021-01-01	OP20210102	深圳	李思	海米	45	50	2,250.00
4	2021-01-01	OP20210103	南京	张林	QQ糖	65	85	5,525.00
5	2021-01-01	OP20210749				58	100	5,800.00
738	2021-12-30	OP20210848	西安	陈梅梅	牛皮糖	58	50	2,900.00
739	2021-12-31	OP20210849	贵阳	孙婷婷	酥心糖	58	50	2,900.00
740	2021-12-31	OP20210850	济南	陈蕾蕾	扇贝丁	64	100	6,400.00

数据量庞大

	A	B	C	D	E	F	G	H	I
1	项目	酥心糖	海米	QQ糖	棉花糖	巧克力	扇贝丁	牛皮糖	总计
2	南京								-
3	深圳								
4	济南								
5	贵阳								
6	西安								
7	重庆								
8	合计	-	-	-	-	-	-	-	-

需要多次筛选，来填写

其实，这个难题使用数据透视表就可以轻松解决，我们一起去看看应该如何操作吧！以下是简要步骤。

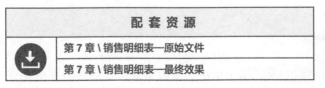

配　套　资　源

第 7 章 \ 销售明细表—原始文件

第 7 章 \ 销售明细表—最终效果

扫码看视频

步骤 **1»** 创建数据透视表。

打开本实例的原始文件，❶单击工作表的任一单元格，❷切换到【插入】选项卡，❸单击【数据透视表】按钮，❹在弹出的对话框中，保持默认设置不变，单击【确定】按钮。

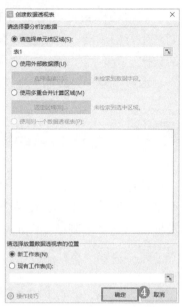

步骤 **2»** 使用数据透视表汇总数据。

弹出新的工作表【Sheet1】，在其【数据透视表】任务窗格中，❶将【商品名称】【城市】【金额】分别拖曳到【列】【行】【值】，❷工作表左侧即可显示想要的汇总数据。

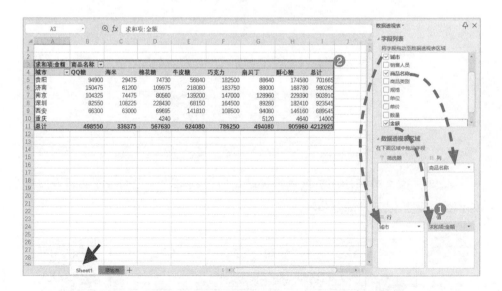

数据透视表瞬间就能加工出这么多数据来，是不是很神奇呢！

提示

　　你是否注意到，前文的原始文件应用了表格样式？应用表格样式有什么好处呢？修改明细表时，无论增加或删除行列，都能在表格范围内明显地体现出来。修改明细表后，数据透视表无须重新制作，刷新透视表就可以了。

　　如何给表格数据应用表格样式呢？

　　单击明细表中任一单元格，切换到【开始】选项卡，单击【表格样式】按钮，在弹出的下拉列表中选择合适样式，在弹出的对话框中，保持默认设置不变，单击【确定】按钮，就可以成功应用表格样式。

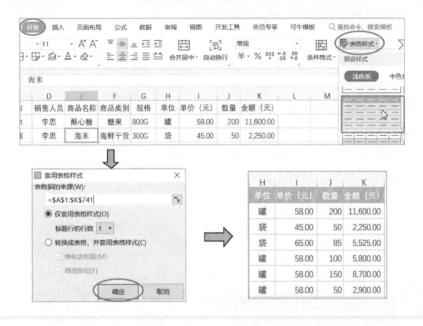

Q1 不应用表格样式，原始文件修改后，数据透视表需要重新制作吗？

A1

　　如果只是需要修改数据，不增加行或列，只需要在透视表任意位置上右击，选择【刷新】命令，就可以更新透视表数据。

Q2 不应用表格样式，原始文件增加行或列，**数据透视表需要重新制作吗？**

A2

如果原始文件增加行或列，需要重新选择透视表范围。单击透视表任一单元格，切换到【分析】选项卡，单击【更改数据源】下拉按钮，在弹出的下拉列表中，选择【更改数据源】选项，修改单元格区域，单击【确定】按钮。（不展示具体步骤。）

Q3 数据透视表只能用来求和吗？

A3

不是。除了【求和】之外，还有【计数】【平均值】【最大值】【最小值】【乘积】等汇总方式。方法是在透视表上右击，在弹出的快捷菜单中，选择【值汇总依据】命令，你会发现这些汇总方式。

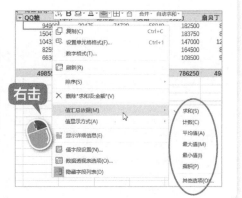

7.2 快速美化数据透视表

使用数据透视表汇总数据效率很高，但数据透视表不够美观，这是因为数据透视表默认是以大纲形式显示的。

接下来我们将学习如何快速美化数据透视表，让你的数据透视表变得更美观，一起去看看吧！以下是简要步骤。

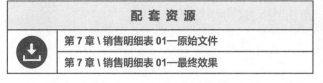

配 套 资 源	
第 7 章 \ 销售明细表 01—原始文件	
第 7 章 \ 销售明细表 01—最终效果	

扫码看视频

步骤 1» 以表格形式显示数据透视表。

打开本实例的原始文件，❶单击数据透视表中的任一单元格，❷切换到【设计】选项卡，❸单击【报表布局】按钮，❹在弹出的下拉列表中选择【以表格形式显示】选项，❺数据透视表即可以表格形式显示，将透视表里面的数据所在单元格格式设置为千分位分隔样式，项目名称设置为【居中对齐】即可（比较简单，就不展示具体步骤）。

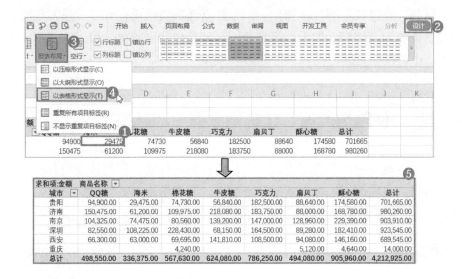

步骤 2» 设置新的数据透视表样式。

❶单击数据透视表中的任一单元格，❷切换到【设计】选项卡，在【数据透视表样式】组中，❸单击【其他】按钮，❹在弹出的下拉列表中选择【数据透视表样式浅色 21】选项，即可美化好数据透视表。

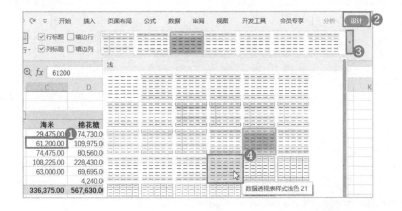

求和项:金额	商品名称 ▼							
城市 ▼	QQ糖	海米	棉花糖	牛皮糖	巧克力	扇贝丁	酥心糖	总计
贵阳	94,900.00	29,475.00	74,730.00	56,840.00	182,500.00	88,640.00	174,580.00	701,665.00
济南	150,475.00	61,200.00	109,975.00	218,080.00	183,750.00	88,000.00	168,780.00	980,260.00
南京	104,325.00	74,475.00	80,560.00	139,200.00	147,000.00	128,960.00	229,390.00	903,910.00
深圳	82,550.00	108,225.00	228,430.00	68,150.00	164,500.00	89,280.00	182,410.00	923,545.00
西安	66,300.00	63,000.00	69,695.00	141,810.00	108,500.00	94,080.00	146,160.00	689,545.00
重庆			4,240.00			5,120.00	4,640.00	14,000.00
总计	498,550.00	336,375.00	567,630.00	624,080.00	786,250.00	494,080.00	905,960.00	4,212,925.00

　　这样，经过简单的几步操作，一个数据透视表就美化好了，是不是既美观又符合使用习惯呢？如果选择其他的透视表样式来美化，可以得到不同的效果，你可以多尝试。

7.3　使用切片器，让销售数据"动起来"

　　数据透视表中，不能忽视的一项功能就是切片器，它能让我们有选择地查看数据，也能使静态数据变成动态数据。既然切片器的功能如此强大，那就让我们一起看看该如何使用切片器吧！

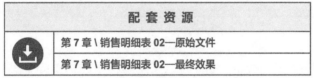

配套资源
第 7 章 \ 销售明细表 02—原始文件
第 7 章 \ 销售明细表 02—最终效果

扫码看视频

步骤 1» 插入切片器。

❶单击数据透视表中的任一单元格，❷切换到【插入】选项卡，❸单击【切片器】按钮。

步骤 **2**» 继续插入切片器并调整大小和位置。

❶在弹出的对话框中勾选【销售人员】复选框，❷单击【确定】按钮，即可插入切片器，❸鼠标指针放在切片器控制点上，把切片器调整到合适大小，❹将切片器拖曳到透视表的合适位置。

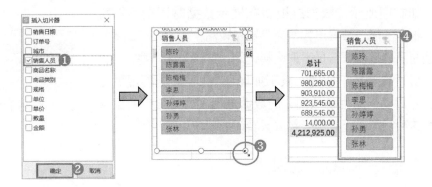

步骤 **3**» 使用切片器。

单击切片器上的选项，例如"陈玲"，数据透视表里的数据就会动态显示了。

求和项:金额	商品名称							
城市	QQ糖	海米	棉花糖	牛皮糖	巧克力	扇贝丁	酥心糖	总计
贵阳	94,900.00	29,475.00	74,730.00	56,840.00	182,500.00	88,640.00	174,580.00	701,665.00
济南	150,475.00	61,200.00	109,975.00	218,080.00	183,750.00	88,000.00	168,780.00	980,260.00
南京	104,325.00	74,475.00	80,560.00	139,200.00	147,000.00	128,960.00	229,390.00	903,910.00
深圳	82,550.00	108,225.00	228,430.00	68,150.00	164,500.00	89,280.00	182,410.00	923,545.00
西安	66,300.00	63,000.00	69,695.00	141,810.00	108,500.00	94,080.00	146,160.00	689,545.00
重庆			4,240.00			5,120.00	4,640.00	14,000.00
总计	498,550.00	336,375.00	567,630.00	624,080.00	786,250.00	494,080.00	905,960.00	4,212,925.00

销售人员：陈玲、陈露露、陈梅梅、李思、孙婷婷、孙勇、张林

求和项:金额	商品名称							
城市	QQ糖	海米	棉花糖	牛皮糖	巧克力	扇贝丁	酥心糖	总计
贵阳	20,800.00	5,850.00	10,600.00	11,600.00	26,000.00	18,880.00	11,600.00	105,330.00
济南		8,550.00	13,780.00	6,960.00	39,750.00		6,380.00	75,420.00
南京	22,750.00			2,900.00	32,250.00	11,840.00	70,760.00	140,500.00
深圳			48,760.00	6,960.00	32,000.00		36,540.00	124,260.00
西安		13,500.00		43,500.00	26,500.00	9,600.00	2,900.00	96,000.00
总计	43,550.00	27,900.00	73,140.00	71,920.00	156,500.00	40,320.00	128,180.00	541,510.00

销售人员：陈玲、陈露露、陈梅梅、李思、孙婷婷、孙勇、张林

提示

使用切片器选择数据后，又想回到原来全部显示的状态，该如何操作呢？单击右上方【清除筛选】按钮就可以了。

7.4　制作数据透视图，让销售数据更直观

　　如右图所示，数据透视表在展示数据时还是不够直观，根本不能一眼看出哪些商品销量较高，是比较畅销的；哪些商品销量较低，是不那么畅销的，这该怎么办呢？

商品名称 ▼	求和项:金额
QQ糖	498,550.00
海米	336,375.00
棉花糖	567,630.00
牛皮糖	624,080.00
巧克力	786,250.00
扇贝丁	494,080.00
酥心糖	905,960.00
总计	4,212,925.00

　　俗话说"字不如表，表不如图"。想要数据展现更直观，还需要借助生动的图，而数据透视表本身自带数据透视图这项功能。让我们一起去看看该如何使用吧！

7.4.1　插入基础数据透视图

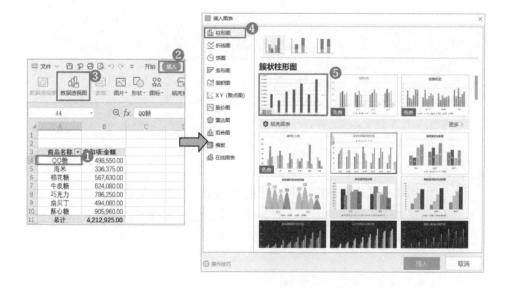

配 套 资 源

第 7 章 \ 销售明细表 03—原始文件

第 7 章 \ 销售明细表 03—最终效果

扫码看视频

步骤 » ❶单击数据透视表任一单元格，❷切换到【插入】选项卡，❸单击【数据透视图】按钮，❹在弹出的对话框中选择【柱形图】选项，❺选择【簇状柱形图】选项（这是基础的样式），即可插入柱形图。

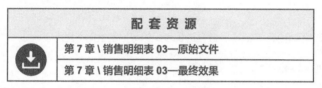

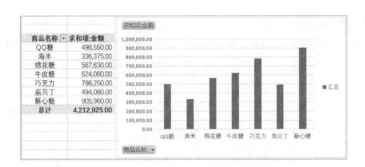

这样一个基础的数据透视图就插入好了。如果想要其他类型的数据透视图，也可参照此方法插入。

但是，我们发现这个数据透视图还是不够美观，该如何美化呢？见如下操作。

7.4.2 美化数据透视图

在表格中，美化数据透视图有两种方法：一种是在前文插入好的基础数据透视图上美化，另一种是直接选择美化好的数据透视图。（稻壳儿为我们提供了丰富的样式。）

下面看看如何使用吧！

1. 在基础数据透视图上美化

配 套 资 源
第 7 章 \ 销售明细表 04—原始文件
第 7 章 \ 销售明细表 04—最终效果

扫码看视频

步骤1» 设置数据透视图的样式。
❶单击【图表样式】按钮，❷切换到【样式】选项卡，❸选择【样式 8】选项，❹切换到【颜色】选项卡，❺选择第 4 个彩色选项。

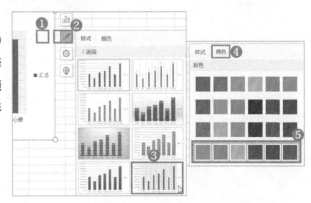

步骤 2» 修改数据透视图。

❶选中图例，按【Delete】键删除图例，❷单击【图表元素】按钮，❸勾选【图表标题】复选框，添加标题，❹将标题改成"产品销量统计"，❺按下图所示数据调整标题字体、字号。

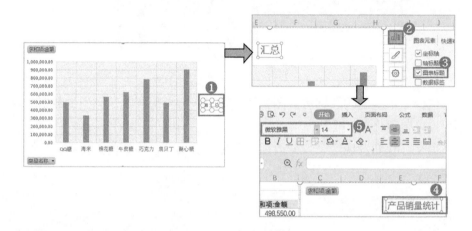

步骤 3» 将纵坐标轴调整为合适的密度。

在纵坐标轴上右击，❶在弹出的快捷菜单中选择【设置坐标轴格式】命令，界面右侧弹出【属性】任务窗格，❷切换到【坐标轴选项】选项卡，❸在【单位】下将【主要】文本框的数值由"100000"改成"300000"，坐标轴的密度就比较合适了。

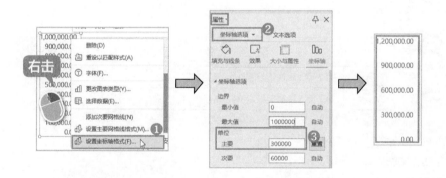

步骤 4» 将透视图上的所有字段隐藏。

在其中一个字段上右击，❶在弹出的快捷菜单中选择【隐藏图表上的所有字段按钮】命令，即可隐藏透视图上的所有的字段，❷拖动绘图区的控制点，将绘图区调整为合适大小，即可完成美化。

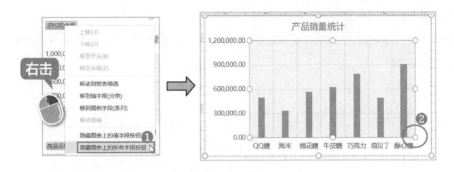

2. 直接插入稻壳儿提供的数据透视图

稻壳儿提供了丰富的数据透视图样式，而且这些样式都是经过专业人员设计的。不想费时费力，直接选择它们，简单修改后就能使用！

配 套 资 源
第 7 章 \ 销售明细表 05—原始文件
第 7 章 \ 销售明细表 05—最终效果

扫码看视频

步骤 1» 插入稻壳图表。

此时的步骤和插入基础透视图的步骤是类似的，在对话框中选择需要的图表样式。

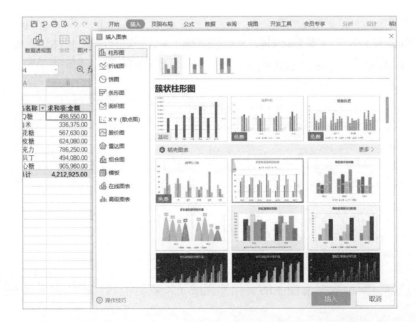

步骤 **2»** 继续插入稻壳图表。

找到合适的图表样式，如下图所示的比较有特色的箭头图，就能很好地展现数据，在图表样式上双击即可插入。

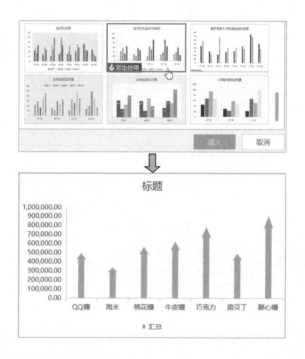

步骤 **3»** 美化稻壳儿提供的数据透视图。

删除图例、修改标题，将纵坐标轴调整为合适的密度。然后，调整绘图区的控制点，将绘图区调整为合适大小，即可获得最终效果。（步骤同前文，此处不重复。）

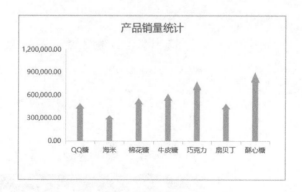

这样，两种数据透视图的美化都完成了，查看销售数据的时候是不是更

直观了呢？建议优先使用稻壳儿提供的样式，简单美化后使用。这样，你的
数据透视图，不仅制作方便快捷，且有特点。

数据透视图的美化原则：不
是元素越多越好，而是要学会做
减法，重点突出数据。

 本章内容小结

　　通过本章的学习，你对数据透视表的各项功能都掌握了吗？

　　本章主要学习了如何插入和美化数据透视表、如何灵活使用切片器
打造动态数据，以及如何对数据透视图进行适当美化以提升数据展示效
果。熟练掌握它们，迅速且灵活地处理海量数据就变得可实现了！

　　第 8 章，我们将系统地学习各种类型图表的制作及美化。让我们一
起去看看吧！

8

第 8 章

数据呈现不直观，图表美化可解决

- 图表的种类都有哪些？
- 它们的主要绘制流程是怎样的？
- 如何快速修改图表中的各元素？
- 如何修改图表类型？

找到规律，其实很简单！

　　在第 7 章中，我们学习了数据透视图，已经对图表有了一个简单的印象。图表比起干巴巴的数字，在展示数据时是不是更加形象直观，而且生动有趣呢？其实，图表的种类有很多，图表的展现形式也千变万化，本章将为你重点介绍。

　　本章主要学习哪些图表呢？别急，下面为你逐项揭晓！

8.1　图表的主要种类及绘制流程

　　销售部的同事因为要做数据分析看板，想要更系统地展示和分析数据，只掌握一两种图表类型是无法满足需要的，必须先系统地学习图表的相关知识。图表都有哪些主要种类，绘制流程是怎样的呢？下面为你介绍。

8.1.1　图表的主要种类

　　图表的种类很多，有几十种。面对繁多的图表，有"选择困难症"的小伙伴们真的快哭了。该选哪种图表呢？正确选择图表类型是制作图表时至关重要的第一步，不妨抛开图表类型，专注于使用图表的目的，从图表的实际作用出发来辨别图表、选择图表。

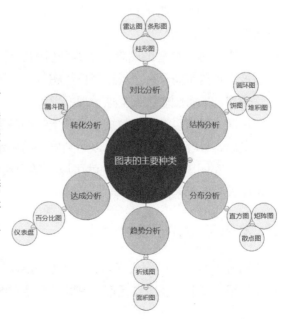

　　图表的作用可分为 6 类：对比分析、结构分析、分布分析、趋势分析、达成分析、转化分析。每种分析适用的主要图表种类如右图所示。

　　想做哪种数据分析，直接在对应类别里选择图表就好了。这样归类是不是就简单多了呢？

8.1.2 图表的主要绘制流程

图表的主要绘制流程是怎样的呢？见下图。

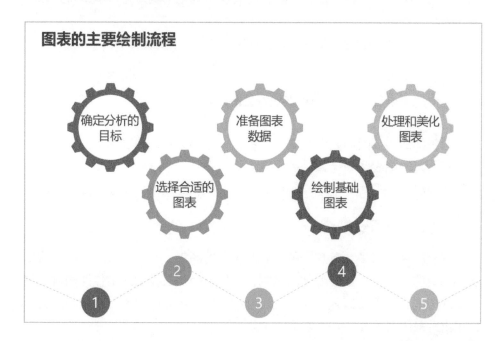

首先，确定分析的目标，就是要明确本次分析需要分析什么，分析需要达成的目的是什么。

其次，选择合适的图表，根据分析的目标去对应选择不同类型的图表，如需进行趋势走向分析，就选择折线图或面积图。

再次，准备图表数据，这个很好理解。

从次，就可以在图表数据的基础上绘制基础图表了。

最后，处理和美化图表，以达到更好的展示效果。

了解完图表的基础理论，就可以去学习实际制作图表的知识了！下面先学习图表中各元素的编辑。

8.1.3 图表中各元素的编辑

图表中有很多的图表元素，如下页图所示。这些图表元素都有各自的名称和作用，了解这些图表元素，有助于后期对图表进行修改和美化。

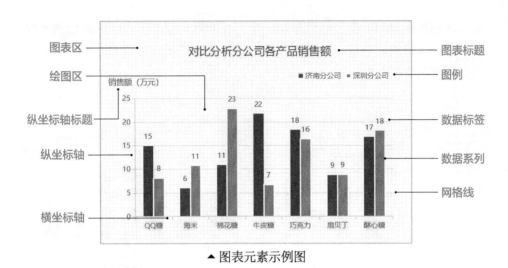

▲ 图表元素示例图

1. 图表元素的增减

　　在创建图表时，系统默认插入的图表可能缺少一些我们需要的元素，那该如何添加呢？选中图表，单击图表右上角的【图表元素】按钮，然后勾选需要的图表元素即可。

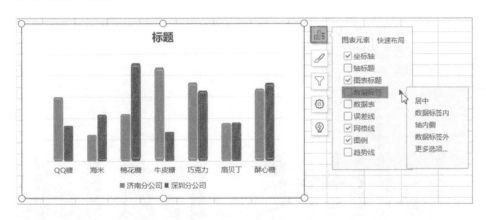

　　如果想要删除图表中不需要的元素，只要选中该元素，按【Delete】键即可删除。

2. 图表标题的编辑

　　图表标题位于整个图表区的最上方，它描述了整个图表的主题，能够快速地吸引读者的眼球。

在创建图表后，都会默认添加一个图表标题，双击图表标题即可进入编辑状态。常见的图表标题位置有两种，一种位于图表区顶端中心处，另一种位于图表区的左上方。

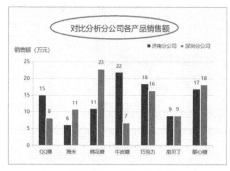

▲ 标题位于顶端中心处

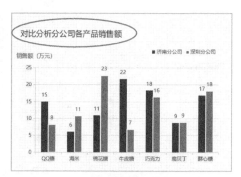

▲ 标题位于左上方

3. 图例的编辑

图例通过颜色或符号等要素来标识图表中的每个数据系列，从而帮助读者快速了解图表内容。图例的内容不能编辑，但是可以选择是否显示或改变其位置和大小。

（1）虽然默认的图例位于下方，但是多数图表会将图例移至绘图区右上方，这更符合通常的阅读习惯。

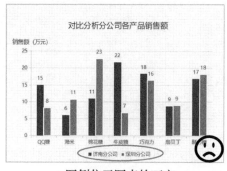

▲ 图例位于图表的下方

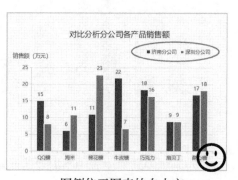

▲ 图例位于图表的右上方

（2）在折线图中，适合将图例放在折线的尾部。通过对比下图中图例的不同位置可以发现，图例位于图表右侧，即折线尾部，更利于读者对照查看。

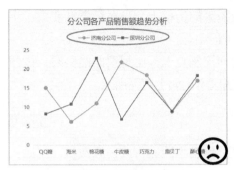

▲ 图例位于图表上方

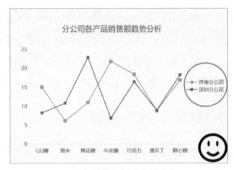

▲ 图例位于图表右侧

（3）饼图通常是不需要图例的。由于每个扇区有不同的名称，如果在数据标签中添加类别名称，就很直观，能够满足需要。

▲ 图例位于图表上方

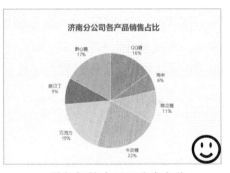

▲ 数据标签中显示分类名称

4. 绘图区的位置和大小如何调整

图表的绘图区包括横、纵坐标轴及其包围的区域，也就是数据系列和网格线所在的区域。由于图表标题和图例的位置变化，绘图区的位置和大小也应该进行相应的调整。

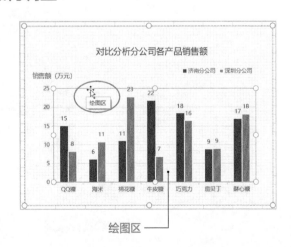

绘图区

　　移动绘图区，将鼠标指针移动到绘图区的边框上，当鼠标指针变成十字箭头形状时，按住鼠标左键并拖曳，即可移动。

　　调整绘图区大小，将鼠标指针移动到控制点上，出现双向箭头时，按住鼠标左键并拖曳，即可改变其大小。绘图区示例如上页图所示。

5. 数据系列的编辑

　　数据系列是一组数据点，一般就是工作表中的一行或一列数据。例如，在柱形图中，每组颜色相同的柱形就是一个数据系列；在折线图中，每条折线就是一个数据系列。

🖱 数据系列的增减

　　图表创建完成后，如果需要增加数据系列，最简单的方法就是重新选择数据。在绘图区上右击，在弹出的快捷菜单中选择【选中数据】命令，在弹出的对话框中修改【图表数据区域】，单击【确定】按钮，即可修改好。

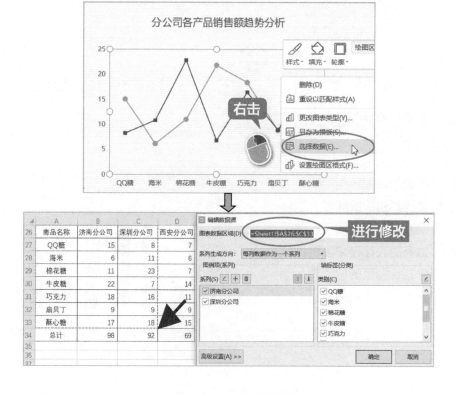

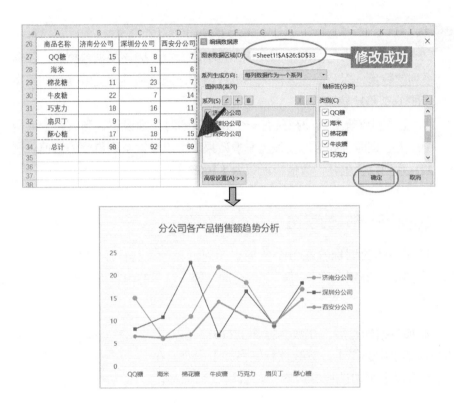

要删除数据系列，选中要减少的数据系列，按【Delete】键即可。

间隙宽度和系列重叠的调整

在柱形图或条形图中，柱形或条形的间隙宽度和系列重叠是可以调节的。在数据系列上右击，在弹出的快捷菜单中选择【设置数据系列格式】命令，在【属性】任务窗格中设置对应的数值即可。

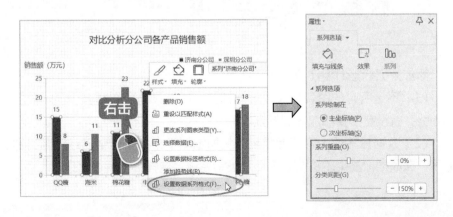

提示

柱形或条形的宽度不能太宽，也不能太窄，应该根据数据点、数据系列的数量，以及绘图区的大小进行调整，通常将其宽度调整为间隙宽度的1~2倍比较适宜。

【系列重叠】选项在只有一个数据系列时无须设置，当有两个或两个以上系列时，如果想要设置重叠效果，可以设置系列重叠的数值。例如，系列完全重叠，数值应设置为【100%】。

6. 数据标签格式的设置

图表中的数据标签在每个数据点的附近显示，其作用是标注数据点的"系列名称""类别名称""值""百分比"等。显示的内容可以根据具体需求来设置。

添加数据标签后，在数据标签上右击，在弹出的快捷菜单中选择【设置数据标签格式】命令，在【标签选项】中勾选标签内容，设置格式和标签位置等。

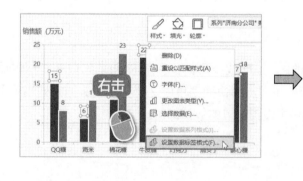

添加数据标签时要注意以下几点。

（1）不是所有的图表都需要数据标签。如果只需要在图表中显示数据变化趋势，就没有必要添加数据标签。

（2）数据标签的内容不能重复。例如上图中，横坐标轴已经注明类别名称了，在数据标签中就没有必要显示类别名称，这样会显得很繁杂。

（3）数据标签与坐标轴刻度二选一。数据标签主要是用来标明数值大小的，它的功能与坐标轴刻度相同，所以二者只需选择其中一种即可。

（4）数据标签的功能不要和图例相同。图例主要是用来标明数据系列名称的，因此两种显示系列名称的方式选其中一种即可，主要看哪一种方式更利于读者理解。例如，前面介绍过饼图就不需要图例，因为它的系列名称在数据标签中显示会更易读。

7. 坐标轴格式的设置

一般情况下，图表都有两个坐标轴，横坐标轴和纵坐标轴，可以分别用来表示分类名称或数值。如果要创建组合图表，还可能会有次要横坐标轴和次要纵坐标轴。

坐标轴包括坐标刻度线、刻度线标签和轴标题等。它们的格式都可以设置，在坐标轴上右击，在弹出的快捷菜单中选择【设置坐标轴格式】命令，在【坐标轴选项】中可以设置坐标轴的边界、单位、刻度线标记、标签和数字的格式等。

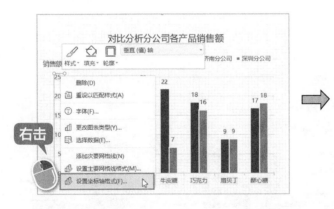

前面在介绍数据标签时介绍过，如果数据标签中已经注明数值大小，就不需要数值轴（柱形图中一般是纵坐标轴）和网格线了，可以通过柱形上方的数据标签直接知道数值的大小。

坐标轴格式的元素并不是越多越好，适量才是最好的，例如下面的左图中，同时使用了数值轴、网格线和数据标签，图表看上去很繁杂；而右图中删掉了数值轴和网格线，图表看起来简洁多了，且不影响读者理解图表内容。

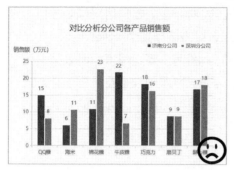
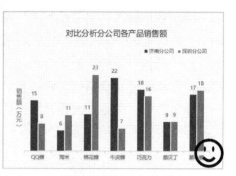

▲ 同时使用数值轴、网格线和数据标签　　　▲ 删掉数值轴和网格线

8. 网格线格式的设置

　　网格线是添加到图表中便于查看数据的线条，它是坐标轴上刻度的延伸。有了网格线，读者就很容易回到坐标轴上进行参照，从而确定数据系列的位置或数值大小。

　　添加网格线后，选中网格线，在网格线上右击，在弹出的快捷菜单中选择【设置网格线格式】命令，在【主要网格线选项】中就可以设置网格线格式了。

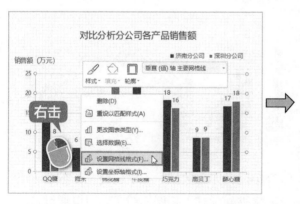

　　很多人在设置图表格式时经常会忽略网格线，其实每个图表元素的设置都很重要，设置好网格线能够帮助读者准确地判断数据的大小。

> **提示**
>
> 当我们确实需要网格线来辅助读数时才能添加，否则网格线的存在就是不必要的干扰。
>
> 根据图表类型的不同，有的图表在创建后会自动添加数值轴的网格线，默认添加的网格线都是实线。由于网格线只是辅助线，因此应该将其弱化，例如将线条类型设置为短划线、线条变细、颜色变浅。

"简洁美"是专业商务图表的重要特征，简洁会有高级感，所以将多余的图表元素删掉是非常必要的。本节介绍的所有图表元素，无须在每个图表中都体现，只要具备必要的元素，能够清楚地表达图表的含义即可。

8.1.4 专业商务图表的配色

在制作图表时，除了掌握基本的制作方法，最重要的就是图表颜色的搭配。优秀的配色会让图表美观大方，而不及格的配色会让你的图表令人无法直视。既然配色如此重要，下面就让我们一起来学习吧！

1. 配色的基本理论

在学习配色技巧之前，我们先来学习配色的基本理论——色相环。

相似色

在色相环上，夹角越小的颜色越相似，如右图所示。

相似色在视觉上比较接近，给人色感平静、调和的感觉，在图表配色中经常用来体现同种类型的项目数据。选择深浅不一的相似色搭配图表，可以让图表既和谐又重点突出。相似色搭配是比较保险的做法。

当数据系列多于一个时，可以通过相似色来体现不同的数据系列。例如右图中，代表不同分公司的数据系列分别用不同深度的蓝色来体现，整个图表看起来很和谐。

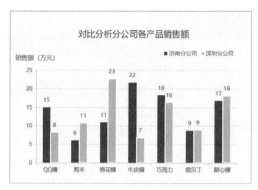

当数据系列中有需要突出显示的重点数据系列时，也可以使用相似色。例如下面的左图中，通过相似色来突出销售额最高的商品，让图表显得既和谐又突出重点。

但是要注意，强调的点不能太多，多个重点相当于没有重点，"眉毛胡子一把抓"，也就无法起到突出重点的作用，如下面的右图所示。

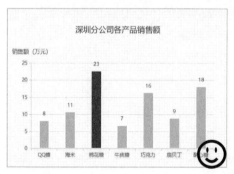

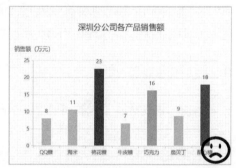

对比色

在色相环上，夹角越大的颜色对比度越强，如右图所示。

由于对比色是可以明确区分的色彩，它们既能构成明显的色彩效果，又能赋予色彩表现力。因此对比色适合用来对比或强调数据。需要注意的是，对比色不能超过 2 种，否则对比太多，相当于没有对比。

要对比分析两个不同类别的数据系列时，既可以使用相近色，也可以使用对比色。例如下面的左图中，通过对比色来对比和强调不同分公司的销售额，效果就非常好。图表既好看，又将两家分公司业绩进行了很好的对比。

在同一图表中，对比色不能超过两种，否则就失去了对比的意义。例如下面的右图中，对比色使用了 3 种，就过多了。读者在看图表时，不知道哪个才是重点，被混淆了视线。

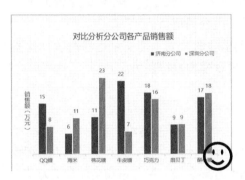
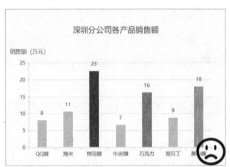

2. 专业图表配色窍门

表格默认的图表配色方案都比较普通，用的人也特别多，为避免平庸和雷同，尽量不要使用系统默认的配色。要想让你的图表更受领导青睐，在配色时就要更专业，那专业图表配色都有哪些窍门呢？一起来看看吧！

图表颜色宜少不宜多

商务图表在配色时建议不要使用太多颜色，颜色太多只会让你的图表乱七八糟、缺少重点，图表展示的效果一不小心就很容易"辣眼睛"，与你的初衷背道而驰。那多少种颜色是合适的呢？

两三种颜色是比较合适的，这两三种颜色可以是相近色，也可以是一种颜色和其对比色。这样得到的效果就比较简洁大方，符合我们一直追求的简洁美。

另外，同一个数据系列的颜色要相同，除非需要特别突出某个重点数据系列。

🖱 字体与背景相得益彰

图表的背景最好不要填充颜色，如果必须要填充，尽量使用浅色系。这样就不会对其他信息造成干扰，整个图表看起来也简洁、直观。

另外，图表上的文字部分也很重要，它能够配合图表，使读者能更好地理解图表内容。在给图表配色时也要充分考虑文字的颜色，在浅色的背景上应使用深色的文字，通常建议使用黑色或深灰色文字；在深色的背景上应使用浅色的文字，这样文字看起来更清楚、更容易辨认。

特殊地，当文字与深色的数据系列重叠时，为了使文字更易辨认，就要调整文字为浅色，读者可根据实际中的具体情况进行随机应变。

🖱 借鉴著名商业图表杂志的配色

想提高配色水平，但短时间内取得的效果不理想怎么办呢？不如向顶级的商业杂志来学习吧！借鉴里面优秀的配色方案会是一种非常安全便捷的方法。

这些著名的商业杂志都有哪些呢？有《经济学人》《商业周刊》等。里面的图表的配色方案都是由专门的图表团队精心设计的，这使他们的图表非常专业，获得一众认可。

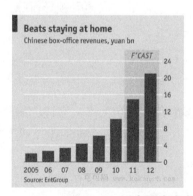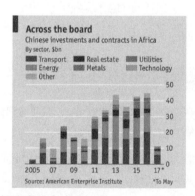

▲ 以上图表来自《经济学人》杂志

其中，《经济学人》中的图表常用相似色，如藏青色、蓝色，也会使用对比色，如蓝色、红色。简洁大方的配色，使里面的图表看起来专业性非常强。

那如何将这样专业的配色应用到我们自己的图表中呢？不急，先来了解关于颜色的 RGB 值。

对于颜色的描述，表格中采用工业界的颜色标准 RGB 色彩模式，即通过对红（R）、绿（G）、蓝（B）这 3 个颜色通道的变化及它们相互之间的叠加来得到各式各样的颜色。

在表格的填充颜色列表中，包含主题颜色、标准色、最近使用颜色和其他颜色。其他颜色都有哪些呢？我们打开看看。选择【其他颜色】选项，弹出【颜色】对话框，在【标准】选项卡下可以选择很多预设颜色，但是这些我们基本很少使用。在【自定义】选项卡下，就可以通过设置 RGB 值来设置颜色了。【高级】选项卡和【自定义】选项卡功能相近，就不再展示。

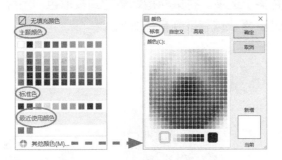
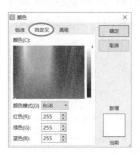

那么如何获取颜色的 RGB 值呢？

方法一：我们的电脑上都能安装 QQ，只要打开 QQ 截图，将鼠标指针移动到某种颜色上，在下方就会显示其 RGB 值了。

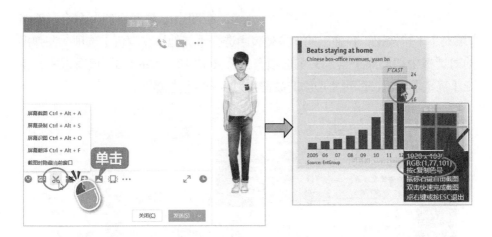

方法二：在表格的图表中有取色器功能。当你在图表上单击【填充】下拉按钮时，在下拉列表里有【取色器】选项。

先将要取色的图片插入表格中图表的旁边。方法是：切换到【插入】选项卡，单击【图片】按钮，选择对应图片（比较简单，就不再展示具体步骤），即可插入图片。

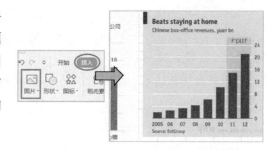

用取色器取色。在图表的数据系列上右击，单击【填充】下拉按钮，在弹出的下拉列表中选择【取色器】选项。将鼠标指针移动到被取色的图片，即可看到对应的 RGB 值，单击，图表就能取到目标颜色。

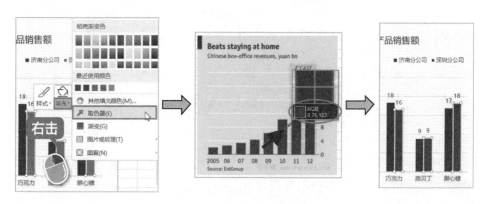

也可以通过填写的方法使用 RGB 值。在图表的数据系列上右击，单击【填充】下拉按钮，在弹出的下拉列表中选择【其他填充颜色】选项，在弹出的对话框中切换到【自定义】选项卡，将 RGB 值"0,76,103"填写进去，单击【确定】按钮，即可将选中的数据系列填充为目标颜色。

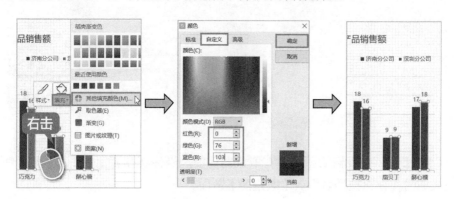

除了借鉴专业图表中的配色，从公司的宣传页和商标中取色进行图表设计也是非常好的方法，"高手们"通常都这么做。

8.2　适合做对比分析的图表

对比分析的图表主要包括柱形图、条形图、雷达图等，下面我们依次学习制作柱形图和条形图。

8.2.1　柱形图

本章所讲解的图表都是直接在图表数据的基础上插入的图表，不仅适合数据透视表制作出来的图表数据，而且适合其他方法整理出来的图表数据。下面就以对比分析济南和深圳分公司的数据为例，演示制作柱形图的简要步骤。

配 套 资 源	
第 8 章 \ 销售明细表—原始文件	
第 8 章 \ 销售明细表—最终效果	

扫码看视频

步骤 1» 将原始数据加工为图表数据。

❶打开本实例的原始文件，将销售明细表原始数据汇总成数据透视表（步骤同前文，此处不重复），❷按照需求加工出图表数据。

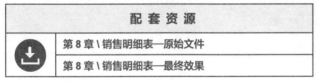

步骤 2» 在图表数据的基础上插入柱形图。

❶选中图表数据，❷切换到【插入】选项卡，❸单击【全部图表】按钮，❹在弹出的下拉列表中选择【全部图表】选项，❺在弹出的对话框中选择【柱形图】选项，❻双击选择合适的图表，即可插入柱形图。

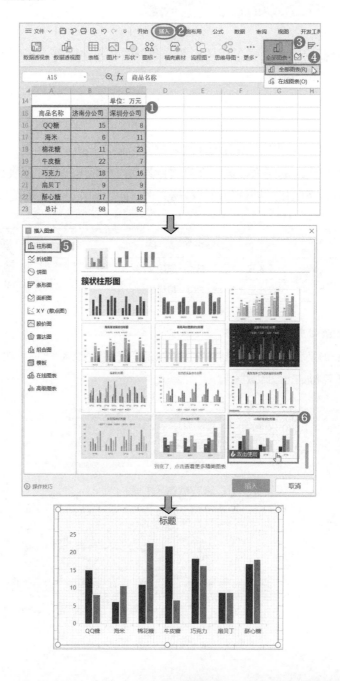

步骤 **3»** 修改和美化图表 1：增减图表元素。

增加图例、数据标签、纵坐标轴标题，❶单击【图表元素】按钮，❷勾选【图例】复选框，❸
勾选【数据标签】复选框，❹勾选【轴标题】复选框，❺在弹出的子菜单中勾选【主要纵坐标
轴】复选框，去掉纵坐标轴，❻勾选【坐标轴】复选框，在弹出的子菜单中取消勾选【主要纵
坐标轴】复选框。

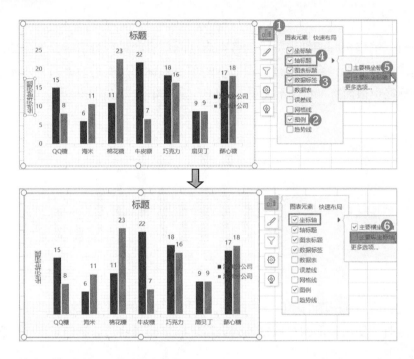

步骤 **4»** 修改和美化图表 2：修改图表元素。

❶修改图表标题，修改为"对比分析分公司各产品销售额"，❷修改坐标轴标题，修改为"销
售额（万元）"，❸调整图例大小和位置，即可得到最终效果。

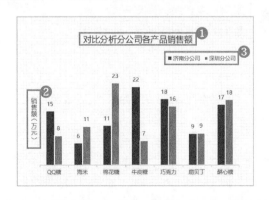

这样，一张美观大方的柱形图就制作出来了，这张柱形图使用的是稻壳儿提供的图表，基本不用考虑配色、字体、背景等问题，只需要简单修改图表元素就可以了。学会了柱形图，其他图表大同小异，都是同样的原理。下面，我们就一起看一下条形图的制作吧！

8.2.2 条形图

对"销售合同明细表"中的各客户合同总金额进行分析时，如果使用上面所学的柱形图，会发现柱形图显示的项目名称都是斜的，而且显示不全，数据标签也很拥挤，不仅不美观，而且不便于阅读，如下图所示。

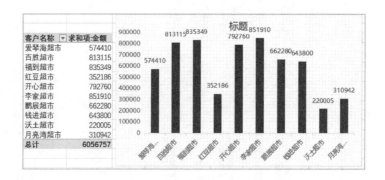

这是因为柱形图的项目横向排列，当项目较多时，图表就会显得很拥挤。

这时，使用条形图对数据系列进行纵向排列最合适。制作条形图的简要步骤如下。

配套资源
第 8 章 \ 销售合同明细表—原始文件
第 8 章 \ 销售合同明细表—最终效果

扫码看视频

步骤 1» 将原始数据加工为图表数据。

打开本实例的原始文件，将销售合同明细表的原始数据汇总成数据透视表，即本次的图表数据（步骤同前文，此处不重复）。

合同日期	所属月份	客户名称	合同号	商品名称	单价（元）	数量	金额（元）
2021-01-01	1月	福到超市	NH20210102	酥心糖	56.00	300	16,800.00
2021-01-01	1月	鹏展超市	NH20210749	海米	60.00	400	24,000.00
2021-01-01	1月	开心超市	原始数据 Q糖	45.00	650	29,250.00
2021-01-01	1月	钱进超市	NH20210750	海米	60.00	200	12,000.00
2021-01-01	1月	李家超市	NH20210101	海米	60.00	400	24,000.00
2021-01-02	1月	百胜超市	NH20210105	棉花糖	69.00	200	13,800.00

客户名称 ▼	求和项:金额
爱琴海超市	574410
百胜超市	813115
福到超市	835349
红豆超市	352186
开 图表数据 60	
李家 10	
鹏展超市	662280
钱进超市	643800
沃土超市	220005
月亮湾超市	310942
总计	6056757

步骤 **2»** 在图表数据的基础上插入条形图。

在【插入图表】对话框中的【条形图】选项下，双击合适的图表即可插入条形图。

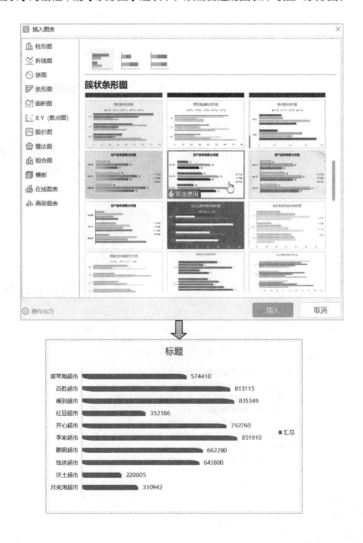

步骤 **3**» 修改和美化图表 1：增减图表元素。

删除图例、修改图表标题，并移动标题和
绘图区，使页面更协调（步骤简单，不展
示）。效果如右图所示。

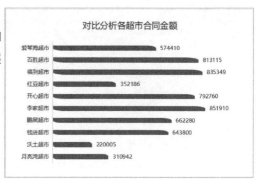

步骤 **4**» 修改和美化图表 2：突出最大值。

运用取色器，在色相环上进行取色，为最大值取对比色（步骤同前文，此处不重复）。最终效果
如下图所示。

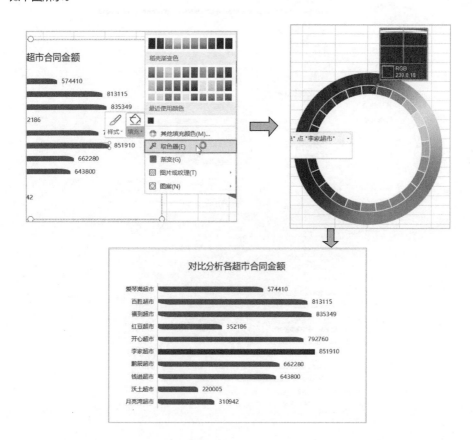

这样一张美观的条形图就制作出来了，项目名称和数据标签的分布都很合适，没有拥挤的感觉。因为条形图各项目纵向排列，能够较好地显示项目名称和数据标签，所以它尤其适用于图表项目较多、数据标签较长的情况。

使用稻壳儿来做图是不是又快又好呢？下载模板后基本无须修改，只要稍加美化——突出强调最大值，就是一张"高大上"的图表了。

8.3 适合做结构分析的图表

适合做结构分析的图表主要包括饼图和圆环图，这两种图表也是使用率非常高的图表。

下面，我们依次进行学习吧！

8.3.1 饼图

配套资源	
第 8 章 \ 销售合同明细表 01—原始文件	
第 8 章 \ 销售合同明细表 01—最终效果	

扫码看视频

步骤 1» 将原始数据加工为图表数据。

打开本实例的原始文件，将销售合同明细表原始数据汇总成数据透视表，即本次的图表数据（步骤同前文，此处不重复）。

合同日期	所属月份	客户名称	合同号	商品名称	单价（元）	数量	金额（元）
2021-01-01	1月	福到超市	NH20210102	酥心糖	56.00	300	16,800.00
2021-01-01	1月	鹏展超市	NH20210749	海米	60.00	400	24,000.00
2021-01-01	1月	开心超市	NH20210103	QQ糖	45.00	650	29,250.00
2021-01-01	1月	钱进超市	海米	60.00	200	12,000.00
2021-01-01	1月	李家超市	NH20210101	海米	60.00	400	24,000.00
2021-01-02	1月	百胜超市	NH20210105	棉花糖	69.00	200	13,800.00
2021-01-02	1月	爱琴海超市	NH20210104	海米	60.00	350	21,000.00
2021-01-03	1月	福到超市	NH20210107	巧克力	72.00	487	35,064.00

 原始数据

商品名称	求和项:金额
QQ糖	420750
海米	1075200
棉花糖	852495
牛	80
巧克力	1274832
扇贝丁	733600
酥心糖	488600
总计	6056757

图表数据

步骤 2» 在图表数据的基础上插入饼图。

在【插入图表】对话框中的【饼图】选项下，双击合适的图表即可插入饼图。

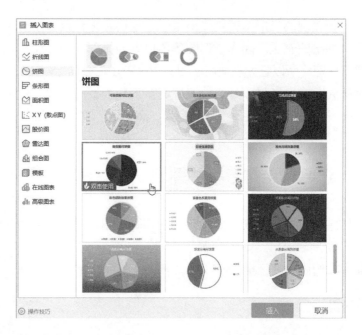

步骤 **3»** 修改和美化图表。

修改图表标题，并移动标题到左上角，再放大整个图表，使页面更协调（步骤同前文，此处不重复）。效果如右图所示。

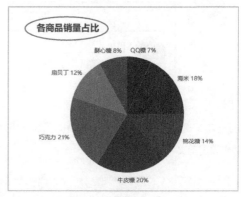

　　一个商务气息满满的饼图就做好了，是不是特别迅速啊！
　　下面，我们再学习圆环图的制作吧！

8.3.2　圆环图

　　圆环图的制作方法可以参照饼图的方法，按部就班进行即可。不过，我要给大家展示的是一种更快捷的方法，就是在饼图上直接修改图表类型，来快速得到圆环图。下面演示。

配 套 资 源
第 8 章 \ 销售合同明细表 02—原始文件
第 8 章 \ 销售合同明细表 02—最终效果

扫码看视频

步骤 1» 修改图表类型，将饼图修改为圆环图。

在饼图上右击，❶在弹出的快捷菜单中选择【更改图表类型】命令，❷在弹出的对话框中选择【饼图】选项，❸单击圆环图按钮，❹双击选择合适的图表可插入圆环图，即可将饼图修改为圆环图。

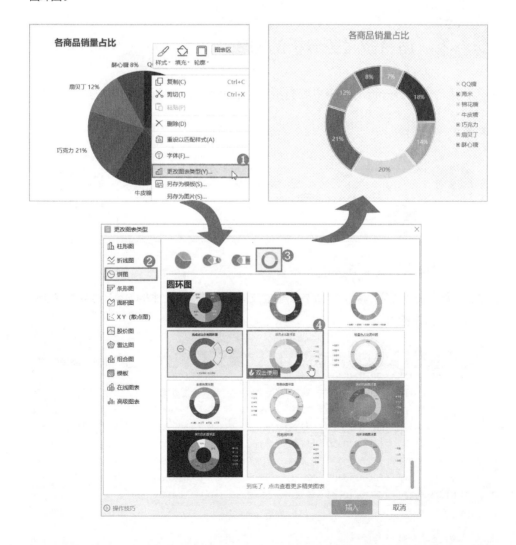

步骤 2» 修改和美化图表。

加大图例的长度和宽度，并移动标题位置，将标题移动到左上角（具体步骤不再演示）。效果如右图所示。

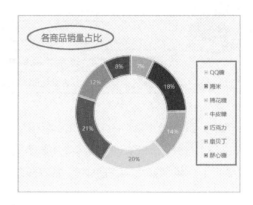

这样，一个圆环图就快速做好了，这种方法是不是更便捷，不需再重新插入图表呢？想偷懒，就用这个方法吧！

8.4   适合做趋势分析的图表

适合做趋势分析的图表主要有折线图、面积图，下面我们依次进行学习。

8.4.1 折线图

配套资源
第 8 章 \ 销售明细表 01—原始文件
第 8 章 \ 销售明细表 01—最终效果

扫码看视频

步骤 1» 将原始数据加工为图表数据。

打开本实例的原始文件，将销售明细表原始数据汇总成数据透视表：按月份统计总金额。（步骤同前文，此处不重复。）

销售日期	所属月份	订单号	商品名称	单价（元）	数量	金额（元）
2021-01-01	1月	OP20210101	酥心糖	58.00	200	11,600.00
2021-01-01	1月	OP20210102	海米	45.00	50	2,250.00
2021-01-01	1月	OP20210103	QQ糖	65.00	85	5,525.00
2021-01-01	1月	OP202_		58.00	100	5,800.00
2021-01-01	1月	OP20210750	酥心糖	58.00	150	8,700.00
2021-01-02	1月	OP20210104	酥心糖	58.00	50	2,900.00
2021-01-02	1月	OP20210105	棉花糖	53.00	50	2,650.00
2021-01-03	1月	OP20210734	巧克力	50.00	150	7,500.00

所属月份	求和项:金额
10月	367725
11月	318580
12月	308400
1月	502405
2月	399535
3月	
4月	
5月	348210
6月	255115
7月	224170
8月	319335
9月	345895
总计	4212925

步骤 **2»** 将数据透视表中的数据按月排列。

在"10月"单元格上右击，在弹出的快捷菜单中选择【移动】命令，在弹出的子菜单中选择【将"10月"移至末尾】命令，按照同样的方法将 11 月和 12 月的数据也移至末尾，即可将数据透视表数据中的月份按顺序排列，得到图表数据。

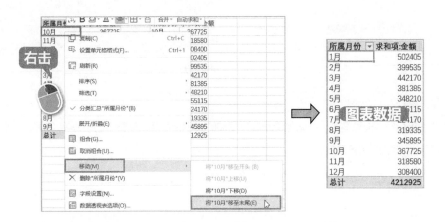

步骤 **3»** 在图表数据的基础上插入折线图。

在【插入图表】对话框中的【折线图】选项下，双击合适的图表即可插入折线图。

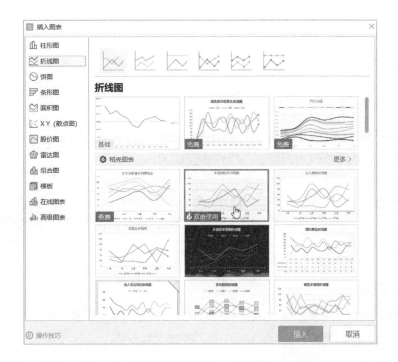

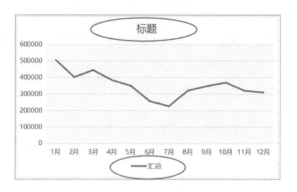

步骤 **4**» 修改和美化图表。

修改图表标题，删除图例，并调整绘图区及图表的大小和位置，使整个图表协调（具体步骤不再演示）。效果如下图所示。

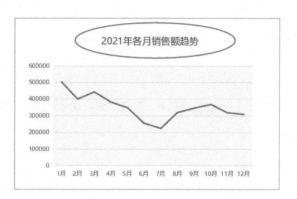

8.4.2 面积图

面积图也是趋势分析中常用的图表，绘制的方式和折线图一样，我们可以直接将折线图修改为面积图，操作步骤如下。

配 套 资 源		
	第 8 章 \ 销售明细表 02—原始文件	
	第 8 章 \ 销售明细表 02—最终效果	

扫码看视频

步骤 **1**» 修改图表类型，将折线图修改为面积图。

在折线图上右击，❶在弹出的快捷菜单中选择【更改图表类型】命令，❷在弹出的对话框中选择【面积图】选项，❸双击选择合适的面积图，即可修改为面积图。

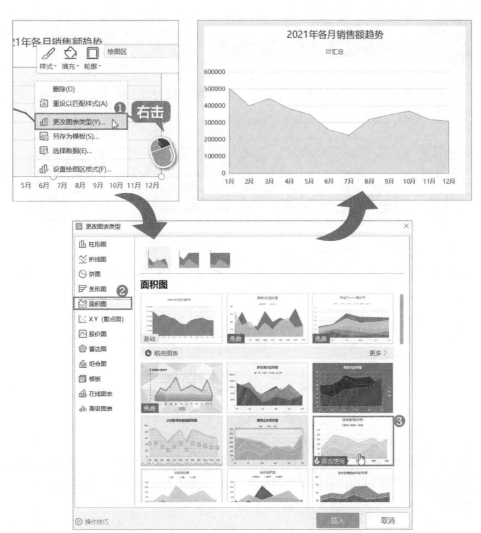

步骤 **2**» 修改和美化图表。

移动图表标题，删除图例，移动绘图区使其与整个图表和谐（具体步骤比较简单，不再演示），效果如右图所示。

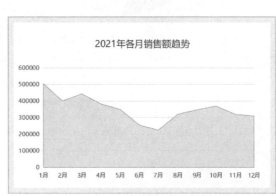

8.5 适合做达成分析的图表

　　适合做达成分析的图表，常用的主要有商务百分比图、仪表盘图等。下面简要介绍商务百分比图的制作方法。

配 套 资 源
第 8 章 \ 年度销售目标达成分析—原始文件
第 8 章 \ 年度销售目标达成分析—最终效果

扫码看视频

步骤 1» 添加辅助列，完成图表数据的制作。

　　要进行商务百分比图的制作，需要先在"目标达成率"后添加一个辅助列，公式为"1－目标达成率"，在本实例中是"1－C3"。

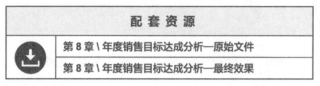

步骤 2» 在图表数据的基础上插入合适的圆环图。

❶选中"目标达成率"和"辅助列"图表数据，❷切换到【插入】选项卡，❸单击【全部图表】按钮，❹在弹出的下拉列表中选择【全部图表】选项，❺在弹出的对话框中选择【饼图】选项，❻双击合适的图表即可插入圆环图。

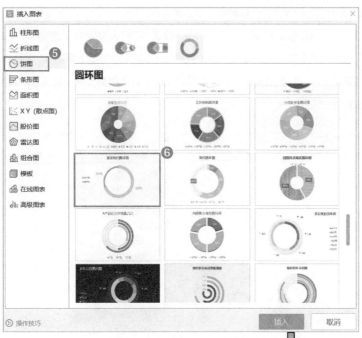

提示

　　此处选择圆环图，不是任意一个圆环图都可以，而是要选择每段圆环大小有区别的圆环图，才能成功做出商务百分比图。

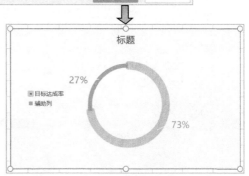

步骤 3» 修改和美化图表。

修改图表标题，删除图例，删除辅助列的数据标签，将达成率的数据标签移动到圆环图内部，并设置绘图区及图表的大小和位置，使整个图表协调（具体步骤比较简单，不再演示），效果如右图所示。

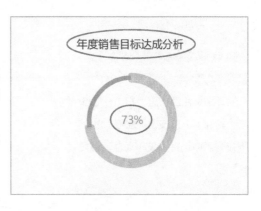

步骤 4» 修改数据标签的格式，使其能够显示小数点后两位。

单击数据标签，右侧会出现【属性】任务窗格，❶切换到【标签选项】选项卡，❷在【标签】选项下，❸勾选【值】复选框，取消勾选【百分比】【显示引导线】复选框，❹删除新出现的辅助列的数据标签，❺找到达成率数据标签的控制点，拉大数据标签，让其显示数据的小数点后两位，就美化完成了。

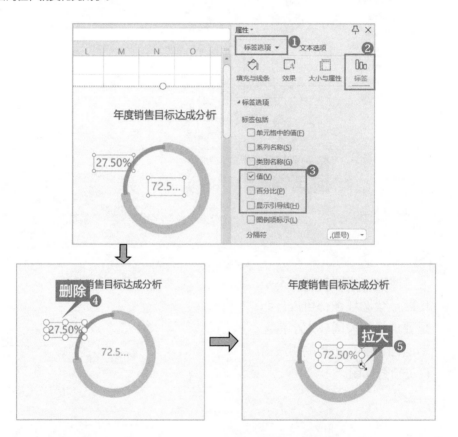

步骤 5» 深度美化图表（选做）。

修改图表颜色：

在圆环图黄色那一段上右击，❶单击【轮廓】下拉按钮，❷在弹出的下拉列表中选择【矢车菊蓝，着色5】选项。

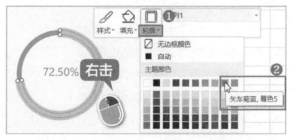

修改图表颜色：

在圆环图较小的那一段环上右击，❸单击【填充】下拉按钮，❹在弹出的下拉列表中选择【矢车菊蓝，着色 5，浅色 80%】选项。

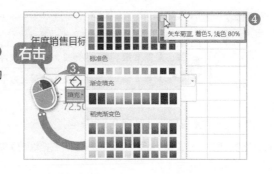

修改文字的字体和颜色：

在数据标签内的文字上右击，❺将其修改为微软雅黑 16 号字，❻选择加粗，❼文字颜色选择【矢车菊蓝，着色 5】选项。

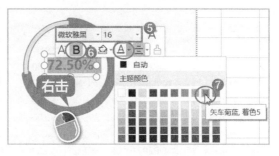

将标题字体修改为微软雅黑 18 号字，加粗，选择【矢车菊蓝，着色 5】选项，图表就美化完成了。

8.6 组合图表

如果做 2021 年产品销量考核，有没有一种图表可以同时体现各月的销售额和销售额增长率呢？答案是有的，使用组合图就可以做到。

组合图里最常用到的一种图表类型是柱形图和折线图的组合图，也就是对比分析和趋势分析相结合，可以从不同角度综合分析销售数据。下面我们就去看看如何使用组合图吧！

	配 套 资 源	
	第 8 章 \ 销售明细表 03—原始文件	
	第 8 章 \ 销售明细表 03—最终效果	

扫码看视频

步骤 1» 将原始数据加工为数据透视表数据。

打开本实例的原始文件，将销售明细表原始数据汇总为数据透视表：按月份统计总金额（步骤同前文，此处不重复）。

销售日期	所属月份	订单号	商品名称	单价（元）	数量	金额（元）
2021-01-01	1月	OP20210101	酥心糖	58.00	200	11,600.00
2021-01-01	1月	OP20210102	海米	45.00	50	2,250.00
2021-01-01	1月	OP20210103	QQ糖	65.00	85	5,525.00
2021-01-01	1月	OP202 原始数据	58.00	100	5,800.00	
2021-01-01	1月	OP20210750	酥心糖	58.00	150	8,700.00
2021-01-02	1月	OP20210104	酥心糖	58.00	50	2,900.00
2021-01-02	1月	OP20210105	棉花糖	53.00	50	2,650.00
2021-01-03	1月	OP20210734	巧克力	50.00	150	7,500.00

所属月份	求和项:金额
1月	502405
2月	399535
3月	442170
4月	381385
5月	348210
6月	255115
7月	224170
8月	319335
9月	345895
10月	367725
11月	318580
12月	308400
总计	4212925

数据透视表

步骤 2» 用数据透视表数据加工出图表数据。

复制数据透视表的数据到新表中，在新表中整理出每月销售额增长率的数据。（1月因为是首月，在2021 年没有可以比较的月份，所以没有增长率。2月的增长率的公式 =（B21-B20）/B20，这样就计算出增长率了。后面的单元格依次填充公式即可。）

C21 = (B21-B20)/B20

所属月份	金额（元）	增长率
1月	502,405.00	
2月	399,535.00	-20.48%
3月	442,170.00	10.67%
4月	381,385.00	-13.75%
5月	348,210.00	-8.70%
6月	255,115.00	-26.74%
7月	224,170.00	-12.13%
8月	319,335.00	42.45%
9月	345,895.00	8.32%
10月	367,725.00	6.31%
11月	318,580.00	-13.36%
12月	308,400.00	-3.20%
总计	4,212,925.00	

提示　这里是将数据透视表中的数据直接复制过来，也可以采用公式的方式以"="引用过来，这样以后明细表中的数据有变动，直接在数据透视表上刷新，图表数据就会变成最新的数据。

步骤 **3»** 在图表数据的基础上插入组合图。

选中图表数据，注意不选总计行，❶切换到【插入】选项卡，❷单击【全部图表】按钮，❸在弹出的下拉列表中选择【全部图表】选项，❹在【插入图表】对话框中选择【组合图】选项，❺勾选【增长率】后的【次坐标轴】复选框，❻单击【插入】按钮，即可插入组合图。

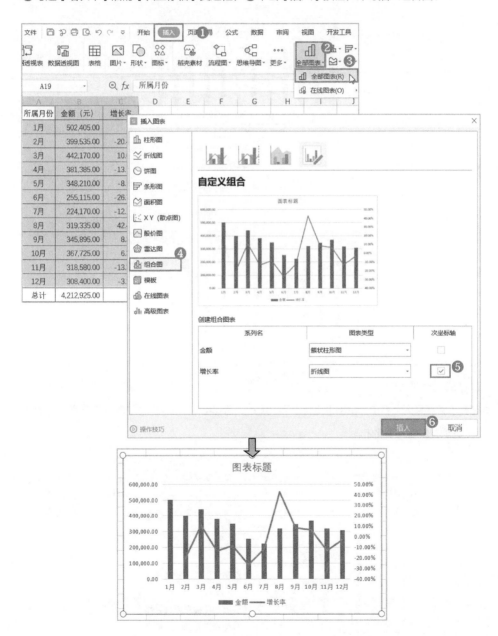

步骤 4» 修改图表标题、移动图例到右上角。

调整绘图区及图表的大小和位置，使整个图表协调（具体步骤不再演示）。效果如下图所示。

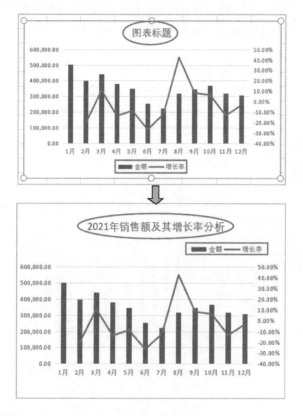

步骤 5» 修改图表颜色。

在柱形数据系列上右击，单击【填充】下拉按钮，在弹出的下拉列表中选择【矢车菊蓝，着色
5】选项，即可完成美化。

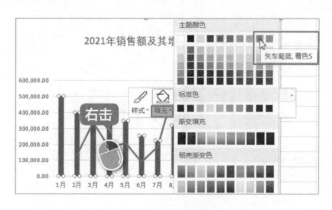

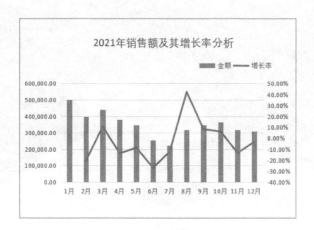

　　这样，一张组合图就制作完成了，在一张图中，可以从不同角度分析销售数据，太方便了。

 本章内容小结

　　本章主要介绍了图表的主要种类及绘制流程、基本的图表元素编辑方法、经典的商务图表配色技巧，以及主要图表的制作方法。掌握了以上方法和技能，说明你已经在图表制作的路上飞驰了。

　　接下来我们将介绍数据看板的制作过程，让你真正投入实践，做到学以致用。

9

第 9 章
数据分析效率低，
使用函数快又准

- 求和函数、查找函数。
- 统计函数、逻辑函数、日期函数。
- 使用函数分析数据，结果快又准。

数据分析使用函数，
效率不要太高哦！

函数是表格学习中绕不开的重点。不懂函数，不仅工作效率低下，而且可能经常犯错。熟练掌握一些常用函数，不仅工作效率高，结果准确率也高，学好函数能够让你更高效地工作。

　　那本章主要学习哪些常用函数呢？本章主要学习求和函数、查找函数、统计函数、逻辑函数、日期函数等。下面逐项介绍！

9.1　花式求和"销售合同明细表"数据

9.1.1　SUM 函数，快速求和

　　在工作中，面对庞大的数据量，如下图所示，该如何快速求和呢？

▲	A	B	C	D	G	H	I	J
1	合同日期	所属月份	客户名称	合同号	单位	单价（元）	数量	金额（元）
2	2021-01-01	1月	福到超市	NH20210102	罐	56.00	300	16,800.00
3	2021-01-01	1月	鹏展超市	NH20210749	袋	60.00	400	24,000.00
228	2021-12-28	12月	月亮湾超市	NH20210844	袋	80.00	465	37,200.00
229	2021-12-29	12月	李家超市	NH20210845	袋	45.00	335	15,075.00
230	2021-12-31	12月	钱进超市	NH20210850	袋	80.00	450	36,000.00

　　SUM 函数是最常用和基础的求和函数，数据量再庞大，使用它也能轻松求和。SUM 函数的作用是返回某一单元格区域中数字、逻辑值及数字的文本表达式之和（求和）。它的语法规则如下。

SUM(数值 1, 数值 2, ...)

　　这里的参数（数值 1、数值 2……）可以是具体的数字，也可以是单元格或单元格区域。如果各个参数是连续的单元格，则可直接指定求和的开头和结尾，中间用"："隔开，例如"A1：A20"，表示对 A 列的 1~20 格数据进行求和。SUM 函数是日常使用频率很高的函数。下面就让我们一起看看如何使用 SUM 函数吧！

配套资源	
第 9 章 \ 销售合同明细表—原始文件	
第 9 章 \ 销售合同明细表—最终效果	

扫码看视频

步骤 » ❶单击"金额"列后的单元格 J231，❷切换到【公式】选项卡，❸单击【自动求和】按钮，J231 单元格即可使用 SUM 函数，❹按【Enter】键，❺ J231 单元格即可求和。

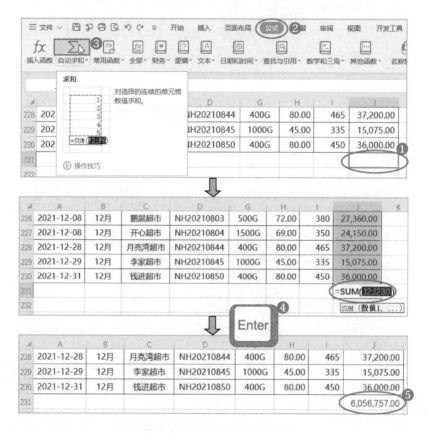

SUM 函数用起来就是这么方便，再多数据也不怕。

9.1.2 SUMIF 函数，单条件求和

当想对工作表中的金额进行有条件的求和时，如统计"海米"的全年销售金额时，SUM 函数就无法满足需求了，这时就该 SUMIF 函数"登场"了。它是一个单条件求和函数，它的语法格式如下。

海米
销售额

SUMIF(区域 , 条件 , 求和区域)

　　"条件"参数是单一的，数字、文本、单元格、表达式均可；"条件"与"求和区域"参数一般是对称的。下面我们一起看看如何使用 SUMIF 函数吧！

配 套 资 源
第 9 章 \ 销售合同明细表 01—原始文件
第 9 章 \ 销售合同明细表 01—最终效果

扫码看视频

步骤 1» 查询出 SUMIF 函数。

❶单击 L2 单元格，❷切换到【公式】选项卡，❸单击【插入函数】按钮，❹在弹出的对话框中切换到【全部函数】选项卡，❺在【查找函数】文本框中输入"SUMIF"，❻【选择函数】文本框中即可出现 SUMIF 函数，选中它，❼单击【确定】按钮。

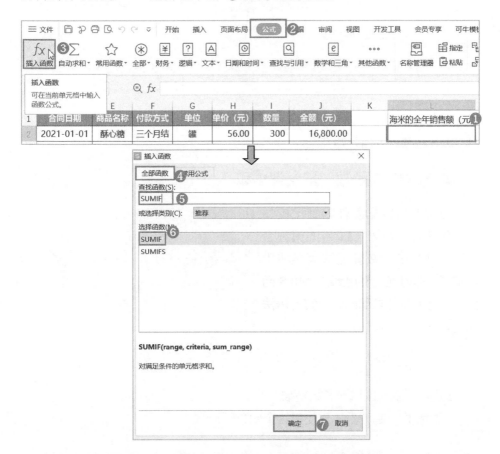

步骤 **2**» 使用 SUMIF 函数。

❶在弹出的【函数参数】对话框中，将 3 个参数填好，❷单击【确定】按钮，❸即可得到求和的结果，将单元格格式修改为千分位分隔样式，便于使用。

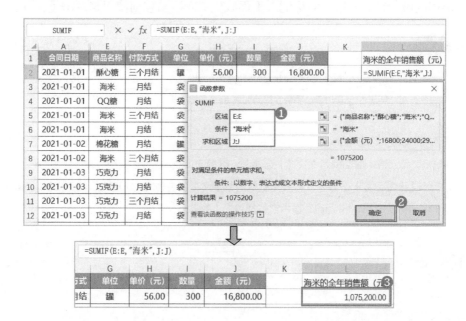

单条件求和用 SUMIF 函数，那多条件求和应该使用哪个函数呢？答案是 SUMIFS 函数。下面开始介绍。

9.1.3 SUMIFS 函数，多条件求和

当想要的数据条件限制比较多时，如统计"海米"11 月的销售金额时，SUMIF 函数就无法满足使用需求了。这时就需要用到 SUMIFS 函数，它是多条件求和函数，它的语法格式如下。

SUMIFS(求和区域，区域 1，条件 1，区域 2，条件 2,...)

这里，"求和区域"参数是唯一的。
下面我们一起看看如何使用这个函数吧！

配套资源	
第 9 章 \ 销售合同明细表 02—原始文件	
第 9 章 \ 销售合同明细表 02—最终效果	

扫码看视频

步骤 » 查找函数的步骤可参照前文，这里直接展示如何填写参数。❶在【函数参数】对话框中，将 5 个参数填好，❷单击【确定】按钮，❸即可得到求和的结果。

多条件求和就是这么简单，学会了吗？

下面，我们再学习乘积求和函数——SUMPRODUCT 函数。

9.1.4 SUMPRODUCT 函数，乘积求和

当销售合同明细表中只有数量和单价，没有金额时，如下页图所示，如何快速得到全年销售额呢？先相乘再求和吗？其实不用那么麻烦，只使用一个函数，即 SUMPRODUCT 函数就能做到。

全年销售额

合同日期	所属月份	客户名称	合同号	商品名称	付款方式	单位	单价（元）	数量
2021-01-01	1月	福到超市	NH20210102	酥心糖	三个月结	罐	56.00	300
2021-01-01	1月	鹏展超市	NH20210749	海米	月结	袋	60.00	400
2021-01-01	1月	开心超市	NH20210103	QQ糖	月结	袋	45.00	650
2021-01-01	1月	钱进超市	NH20210750	海米	三个月结	袋	60.00	200
2021-01-01	1月	李家超市	NH20210101	海米	月结	袋	60.00	400
2021-01-02	1月	百胜超市	NH20210105	棉花糖	月结	罐	69.00	200

SUMPRODUCT 函数是乘积求和函数，能返回相应的数组或区域乘积的和，它的语法格式如下。

SUMPRODUCT(数组 1, 数组 2,...)

这里的数组参数必须具有相同的维数（维数是数学中独立参数的数目）。下面我们一起看看如何使用 SUMPRODUCT 函数吧！

步骤 » 查找函数的步骤可参照前文，这里直接展示如何填写参数。❶在【函数参数】对话框中，将两个参数填好，❷单击【确定】按钮，❸即可得到乘积求和的结果。

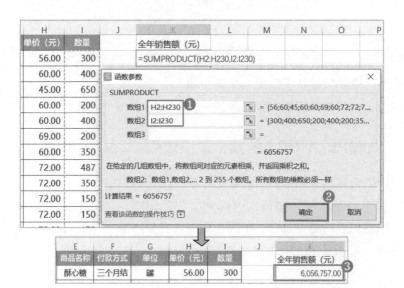

> **提示**
>
> 　　这是用 SUMPRODUCT 函数对两个数组进行乘积求和，别忘记它可以对 3 个或多个数组进行乘积求和哦！

　　4 个求和函数就讲解完毕了，你都掌握了吗？其实，只要明白了求和函数的原理，不管是直接求和、单条件求和、多条件求和，还是乘积求和，你都能游刃有余。

　　接下来我们将开始学习查找函数，一起去看看吧！

9.2　有目标地查找"销售明细表"数据

9.2.1 VLOOKUP 函数，纵向查找

　　在查看"销售明细表"数据时，发现"规格"列内容缺失、需要补充，而参考信息正是"参数表"中的"规格"列内容。

　　如何快速将"规格"列内容引用过来呢？

"规格"列数据

商品名称	商品类别	规格	单位
酥心糖	糖果		罐
海米	海鲜干货		袋
QQ糖	糖果		袋
酥心糖	糖果		罐

商品名称	商品类别	规格	单位
酥心糖	糖果	800G	罐
海米	海鲜干货	300G	袋
QQ糖	糖果	1000G	袋
棉花糖	糖果	1500G	罐

　　这时用 VLOOKUP 函数进行批量查找最合适，它的函数语法格式如下。

> VLOOKUP(查找值 , 数据表 , 列序号 , 匹配条件)

　　参数解析如下。

　　（1）查找值：就是指定的查找条件。本实例中对应的是 E2 单元格。

　　（2）数据表：查找值所在的区域。请记住，查找值应该始终位于所在区域的第一列。本案例为"参数表！A:C"区域。

　　（3）列序号：区域中包含返回值的列号。本案例是查找区域的第 3 列数据，所以是"3"。

（4）匹配条件：返回近似表示为 1（TRUE），精确匹配表示为 0（FALSE）。本案例需精确匹配"规格"，所以为"0"。使用 VLOOKUP 函数的具体步骤如下。

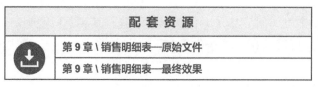

步骤 » 查找函数的步骤可参照前文，这里直接展示如何填写参数。❶在【函数参数】对话框中，将 4 个参数填好，❷单击【确定】按钮，❸即可得到相应的结果。

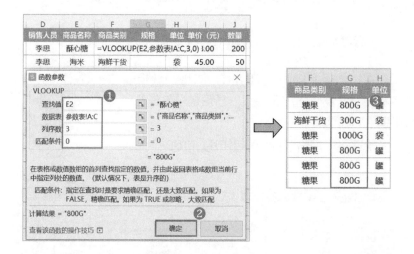

这样跨表查询取数，又快又准，这也是 VLOOKUP 函数最常见的用法。

不过，VLOOKUP 函数只会按列查找数据，当遇到需要按行查找数据的情况时，它就无能为力了。这时需要用到 HLOOKUP 函数。我们一起去看看吧！

9.2.2 HLOOKUP 函数，横向查找

在核算部门员工业绩提成时，需要从"业绩提成参数表"中横向查询"提成比例"数据，如下图所示。此时无法使用 VLOOKUP 函数查询数据，就需要用到按行查找的 HLOOKUP 函数。

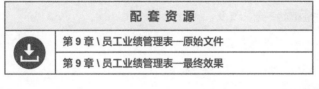

	A	B	C	D	E
1	员工编号	员工姓名	月度销售额（元）	提成比例	业绩提成（元）
2	SN0018	王瑞进	31,396.00		
3	SN0019	安杰	38,018.00		

▲ 员工业绩提成计算表

	A	B	C	D	E
1	销售额（元）	30000以下	30000~54999	55000~79999	80000以上
2	参照销售额（元）	0.00	30,000.00	55,000.00	80,000.00
3	提成比例	0%	4%	6%	8%

▲ 业绩提成参数表

因"提成比例"查找的是一个范围，所以应使用 HLOOKUP 函数进行模糊查找，它的函数语法格式如下。

> HLOOKUP(查找值，数据表，行序号，匹配条件)

HLOOKUP 函数的参数和 VLOOKUP 函数的参数基本是一样的，只有行列的不同，详见如下参数解析。

参数解析如下。

（1）查找值：就是指定的查找条件。本案例中对应的是 C2 单元格。

（2）数据表：查找值所在的区域。请记住，查找值应该始终位于所在区域的第一行。由于要从"业绩提成参数表"中的第 2 行查找，并返回第 3 行的数据，因此本案例为"业绩提成参数表! 2:3 行"。

（3）行序号：区域中包含返回值的行号。本案例是查找区域的第 2 行数据，所以是"2"。

（4）匹配条件：返回近似表示为 1（TRUE），精确匹配表示为 0（FALSE）。由于匹配的是区间而不是精确的数值，因此是模糊查找，第 4 个参数是"TRUE""1"或者省略。使用 HLOOKUP 函数具体的步骤如下。

配 套 资 源
第 9 章 \ 员工业绩管理表—原始文件
第 9 章 \ 员工业绩管理表—最终效果

扫码看视频

步骤 » 查找函数的步骤可参照前文，这里直接展示如何填写参数。❶将参数填好，最后一个参数因为是模糊查找，故忽略不填，只填写前 3 个参数，❷因为第二个参数即查找区域是固定的，所以需要将第二个参数从相对引用转换为绝对引用，将光标分别放在行号"2"和"3"前面，加上绝对引用符号"$"，即可转化为绝对引用；❸单击【确定】按钮，即可得到查询结果，再将公式填充到列底部就可以了。

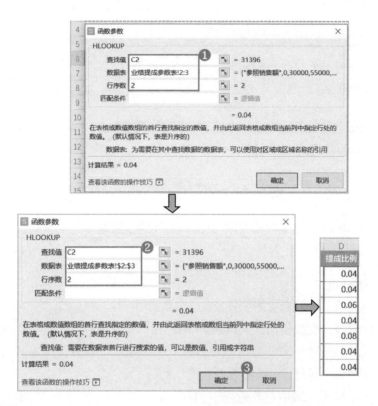

> **提示**
>
> 　　相对引用，进行填充后，随着行列的变化，数据引用范围会改变。
>
> 　　绝对引用，行列单元格前都会加上 $（绝对引用符号），填充后，后面的单元格完全复制首个单元格的引用范围，数据引用范围不变。
>
> 　　混合引用，行或列单元格前会加上 $，进行填充后，列或行单元格的数据引用范围会发生改变。

9.2.3 LOOKUP 函数，逆查找

　　在实际工作中，也会遇到这种情况：要查找的数据在参照物的右侧。VLOOKUP 函数只能从左向右查找，这就需要用到 LOOKUP 函数的逆查找功能。

E	F	G	H
商品名称	商品类别	规格	单位
酥心糖	糖果		罐
海米	海鲜干货		袋
QQ糖	糖果		袋

	A	B	C	D
1	规格	商品名称	商品类别	单位
2	800G	酥心糖	糖果	罐
3	300G	海米	海鲜干货	袋
4	1000G	QQ糖	糖果	袋

LOOKUP 函数的语法格式如下。

LOOKUP(查找值 , 查找向量 , 返回向量)

参数解析如下。

（1）查找值：需要查找的值，可以是数字、文本、逻辑值、名称或对值的引用；因使用逆查找功能，本案例填"1"。

（2）查找向量：只包含一行或一列的区域，可以是文本、数字或逻辑值；因使用逆查找功能，本案例填"0/(参数表 !B:B=E2)"。

（3）返回向量：只包含一行或一列的区域，返回向量参数必须与查找向量参数大小相同。本案例我们填写的是"参数表 !A:A"，即 A 列"商品类别"列内容，与查找向量的 B 列内容参数大小相同。使用 LOOKUP 函数的具体步骤如下。

配 套 资 源
第 9 章 \ 销售明细表 01—原始文件
第 9 章 \ 销售明细表 01—最终效果

扫码看视频

步骤 » 查找函数的步骤可参照前文，这里直接展示如何填写参数。❶在【函数参数】对话框中将 3 个参数填好，❷单击【确定】按钮，即可得到查询的结果，再将数据填充到底部。

销售人员	商品名称	商品类别	规格	单位
李思	酥心糖	糖果	800G	罐
李思	海米	海鲜干货	300G	袋
张林	QQ糖	糖果	1000G	袋
李思	酥心糖	糖果	800G	罐

LOOKUP 函数的逆查找功能使用起来就是这么方便。

接下来我们将学习统计函数，一起去看看吧！

9.3 按条件统计 "在职员工信息表" 数据

9.3.1 COUNT 函数，统计次数

人力资源部的同事在进行员工人数统计时，需要从 "在职员工信息表" 中统计公司员工总人数，这就会用到 COUNT 函数。

员工编号	姓名	性别	生日	年龄	婚姻状况	学历	入职时间	部门
NH0001	李美丽	女	1981-06-18	39	已婚已育	博士研究生	2018-08-27	总经办
NH0002	张达	男	1980-10-13	40	已婚已育	博士研究生	2018-08-27	总经办
NH0003	李云	男	1965-06-16	55	已婚已育	大学本科	2018-08-27	总经办
NH0004	王霏霏	女	1986-10-12	34	已婚已育	硕士研究生	2018-08-27	总经办
NH0005	曹雨	男	1988-06-23	32	已婚已育	大学本科	2018-08-27	生产部
NH0006	王琳	女	1972-08-09	48	已婚已育	大学本科	2018-08-27	生产部

员工总数

COUNT 函数的作用是返回列表中数值的单元格个数，仅计算数值个数，其语法格式如下，后面是使用 COUNT 函数的操作步骤。

> COUNT(值 1, 值 2,...)

配 套 资 源	
第 9 章 \ 在职员工信息表—原始文件	
第 9 章 \ 在职员工信息表—最终效果	

扫码看视频

步骤 » 查找函数的步骤可参照前文，这里直接展示如何填写参数。在【函数参数】对话框中将参数填好，单击【确定】按钮，即可得到查询的结果。

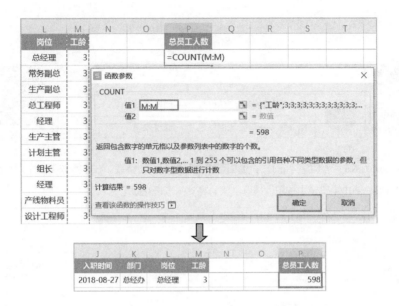

> **提示**
>
> COUNT 函数只能对数值进行计数，"工龄"列是数值，所以，本次选择对"工龄"列进行次数统计，也可以对"年龄"和"入职时间"列进行次数统计。

9.3.2 COUNTIF 函数，单条件计数

人力资源部的同事经常需要做的一项工作是根据在职员工信息表统计公司各部门员工分别有多少，那该如何快速统计呢？

员工编号	姓名	性别	年龄	入职时间	部门	岗位	工龄
NH0001	李美丽	女	39	2018-08-27	总经办	总经理	3
NH0002	张达	男	40	2018-08-27	总经办	常务副总	3
NH0003	李云	男	55	2018-08-27	总经办	生产副总	3
NH0004	王霏霏	女	34	2018-08-27	总经办	总工程师	3
NH0005	曹雨	男	32	2018-08-27	生产部	经理	3

部门	员工人数	性别	
		男	女
财务部			
采购部			
行政部			
技术部			

这就会用到 COUNTIF 函数。它是一个单条件计数函数，可以对指定区域中符合条件的单元格进行计数，其语法格式如下，后面是使用 COUNTIF 函数的操作步骤。

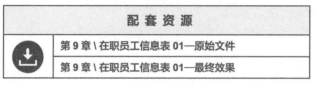

扫码看视频

步骤 » 查找函数的步骤可参照前文，这里直接展示如何填写参数。在【函数参数】对话框中，将参数填好，单击【确定】按钮，得到结果，将其向下填充即可。

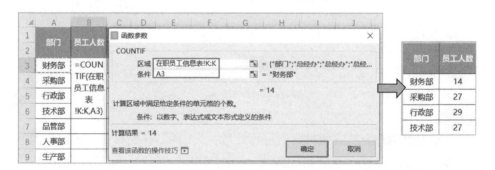

有一个条件时，可用 COUNTIF 函数。有两个甚至更多条件时，COUNTIF 函数就不能满足使用需求了，这时就需要用到 COUNTIFS 函数。下面让我们一起去看看吧！

9.3.3 COUNTIFS 函数，多条件计数

在统计公司各部门"男""女"员工分别有多少时，有两个条件，一个条件是部门，另一个条件是性别。

这就会用到 COUNTIFS 函数。它是一个多条件计数函数，可以统计多个区域中满足给定条件的单元格的个数，其语法格式如下，后面是使用 COUNTIFS 函数的操作步骤。

COUNTIFS(区域 1, 条件 1, 区域 2, 条件 2,...)

扫码看视频

步骤 » 查找函数的步骤可参照前文，这里直接展示如何填写参数。在【函数参数】对话框中，将参数填好，单击【确定】按钮，得到结果，将其向下填充即可。"财务部""女"参数的填写也是类似的道理，只展示函数公式和结果，不再展示具体步骤。

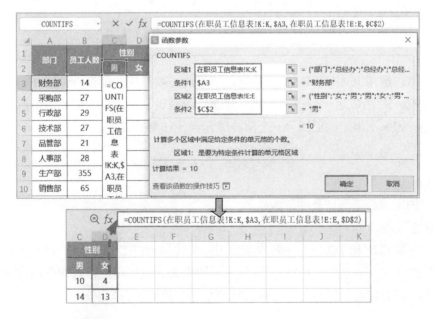

当有更多条件时，也可以用 COUNTIFS 函数计算出数据。

9.4　对"贷款管理台账"中的数据进行逻辑判断

9.4.1　IF 函数，单条件判断

如何找出"贷款管理台账"中"已过期"的贷款信息（"已过期"是指最后还款日期早于今天），以便核对是否已经准时还款呢？

已过期
贷款

	A	B	C	D	E	F	G	H	I	J	K
1	序号	贷款日期	摘要	贷款金额（元）	年利率	月利率	贷款期限（月）	最后还款日期	总利息（元）	总还款额（元）	到期情况
2	1	2020-10-23	短期借款	515,000.00	8.00%	0.67%	18	2022-04-23	61,800.00	576,800.00	
3	2	2021-01-27	短期借款	115,000.00	8.00%	0.67%	9	2021-10-27	6,900.00	121,900.00	
4	3	2020-08-24	短期借款	245,000.00	8.00%	0.67%	6	2021-02-24	9,800.00	254,800.00	
5	4	2020-10-25	短期借款	365,000.00	8.00%	0.67%	5	2021-03-25	12,166.67	377,166.67	
6	5	2020-04-25	短期借款	315,000.00	8.00%	0.67%	12	2021-04-25	25,200.00	340,200.00	
7	6	2020-04-25	短期借款	315,000.00	8.00%	0.67%	12	2021-04-25	25,200.00	340,200.00	
8	7	2020-04-25	短期借款	515,000.00	8.00%	0.67%	11	2021-03-25	37,766.67	552,766.67	

可以运用 IF 和 TODAY 函数来对"最后还款日期"列进行评估并辨别到期情况。IF 函数是一个逻辑函数，判断是否满足某个条件，如果满足返回一个值，如果不满足则返回另一个值。IF 函数语法格式如下。

IF(测试条件 , 真值 , 假值)

如果满足"测试条件"则显示"真值"，如果不满足"测试条件"则显示"假值"。

本次将 IF 和 TODAY 函数嵌套使用，公式为 =IF(H2<TODAY(),"已过期"," 未过期 ")。注意：TODAY 函数是永远的今天，返回日期格式的当前日期，使用时没有参数，只有一个括号：TODAY()。操作步骤如下。

配　套　资　源	
	第 9 章 \ 贷款管理台账—原始文件
	第 9 章 \ 贷款管理台账—最终效果

扫码看视频

步骤 » 用 IF 函数标记出已过期的信息，查找函数的步骤可参照前文，这里直接展示如何填写参数。在【函数参数】对话框中将参数填好，单击【确定】按钮，得到结果，将其向下填充即可。

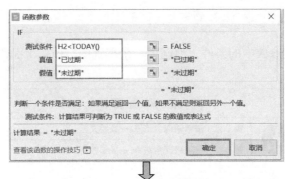

C	D	E	F	G	H	I	J	K
摘要	贷款金额（元）	年利率	月利率	贷款期限（月）	最后还款日期	总利息（元）	总还款额（元）	到期情况
短期借款	515,000.00	8.00%	0.67%	18	2022-04-23	61,800.00	576,800.00	未过期
短期借款	115,000.00	8.00%	0.67%	9	2021-10-27	6,900.00	121,900.00	已过期
短期借款	245,000.00	8.00%	0.67%	6	2021-02-24	9,800.00	254,800.00	已过期
短期借款	365,000.00	8.00%	0.67%	5	2021-03-25	12,166.67	377,166.67	已过期
短期借款	315,000.00	8.00%	0.67%	12	2021-04-25	25,200.00	340,200.00	已过期

　　这样"贷款管理台账"中"已过期"的情况就轻松判断出来了。IF 函数只支持两种判断结果，那如果想有 3 种或 3 种以上的判断结果，该用什么函数呢？一起来看看吧！

9.4.2 IFS 函数，多条件判断

　　如何将"贷款管理台账"中的贷款信息分为"已过期""即将到期""未到期"3 种情况，以便进行分类管理呢？

　　将在未来 60 天内到期的贷款信息标记为"即将到期"，将在未来 60 天内不到期的贷款信息标记为"未到期"，以便提前准备款项，及时进行还款。多条件判断，就需要用到 IFS 函数。

IFS 函数的作用是检查是否满足一个或多个条件，且返回符合的第一个测试条件对应的真值。IFS 函数语法格式如下。

IFS(测试条件 1, 真值 1, 测试条件 2, 真值 2,...TRUE, 结果)

依次判定参数中的条件，返回第一个得到的真值。下面是步骤。

配 套 资 源	
第 9 章 \ 贷款管理台账 01—原始文件	
第 9 章 \ 贷款管理台账 01—最终效果	

扫码看视频

步骤 » 用 IFS 函数，标记已过期、即将到期、未到期的贷款信息。查找函数的步骤可参照前文，这里直接展示如何填写参数。在【函数参数】对话框中，将 6 个参数填好，单击【确定】按钮，得到结果，将其向下填充即可。

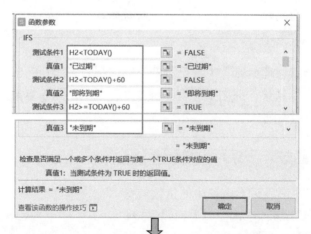

C	D	E	F	G	H	I	J	K
摘要	贷款金额（元）	年利率	月利率	贷款期限（月）	最后还款日期	总利息（元）	总还款额（元）	到期情况
短期借款	515,000.00	8.00%	0.67%	18	2022-04-23	61,800.00	576,800.00	未到期
短期借款	115,000.00	8.00%	0.67%	9	2021-10-27	6,900.00	121,900.00	已过期
短期借款	245,000.00	8.00%	0.67%	6	2021-02-24	9,800.00	254,800.00	已过期
短期借款	365,000.00	8.00%	0.67%	5	2021-03-25	12,166.67	377,166.67	已过期
短期借款	315,000.00	8.00%	0.67%	12	2021-04-25	25,200.00	340,200.00	已过期
短期借款	315,000.00	8.00%	0.67%	12	2021-04-25	25,200.00	340,200.00	已过期

9.5　计算"项目工期表"的时间不糊涂

9.5.1　NETWORKDAYS 函数，计算工作日

做工程的同事，都会和"项目工期表"打交道。以往计算工作日天数全靠手指头数，效率太低了，还容易出错。如何快速计算出下图所示的"项目工期表"中的"工作日天数"呢？

	A	B	C	D	E	F	G	H
1	序号	项目事项	负责人	开始日期	结束日期	工作日天数		清明节假期
2	1	项目初期调研	田晓琪	2021/3/4	2021/3/8			2021/4/5
3	2	调研小组会	田晓琪	2021/3/9	2021/3/20			
4	3	项目后期调研	田晓琪	2021/3/19	2021/3/29			
5	4	项目启动会	田晓琪	2021/3/28	2021/4/9			
6	5	策划小组会	田晓琪	2021/4/6	2021/4/13			

可以运用 NETWORKDAYS 函数来对"工作日天数"进行计算。这个函数是一个日期函数，返回两个日期之间的全部工作日天数。NETWORKDAYS 函数语法格式如下。后面是使用 NETWORKDAYS 函数的操作步骤。

NETWORKDAYS(开始日期，结束日期，假期)

参数中，"开始日期"（必填）和"结束日期"（必填）很好理解，"假期"（选填）就是国家的法定节假日，对本例来说，应将清明节假期填写上。

配 套 资 源
第 9 章 \ 项目工期表—原始文件
第 9 章 \ 项目工期表—最终效果

扫码看视频

步骤 » 用 NETWORKDAYS 函数，计算工作日天数。查找函数的步骤可参照前文，此处直接展示如何填写参数。

在【函数参数】对话框中将 3 个参数填好，单击【确定】按钮，得到结果，将其向下填充即可。

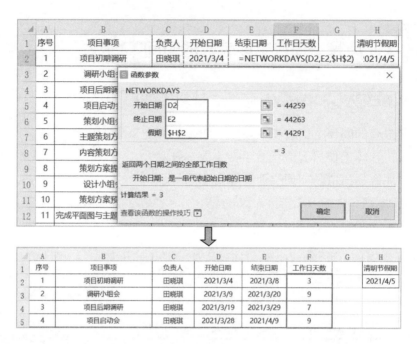

9.5.2 WORKDAY 函数，推算日期

如果已知"开始日期""工作日天数"和"假期"，如何快速推算出如下图所示的"项目工期表"中的"结束日期"呢？

推算
日期

	A	B	C	D	E	F	G	H	I
1	序号	项目事项	负责人	开始日期	工作日天数	结束日期		清明节假期	2021/4/5
2	1	项目初期调研	田晓琪	2021/3/4	10			五一节假期	2021/5/3
3	2	调研小组会	田晓琪	2021/3/13	18				
4	3	项目后期调研	田晓琪	2021/3/29	25				
5	4	项目启动会	田晓琪	2021/4/21	15				
6	5	策划小组会	田晓琪	2021/4/25	10				

可以运用 WORKDAY 函数来推算"结束日期"。这个函数也是一个日期函数，返回在某日期（起始日期）之前或之后、与该日期相隔指定工作日的某一日期的日期值。WORKDAY 函数语法格式如下。后面是使用 WORKDAY 函数的操作步骤。

WORKDAY(开始日期 , 天数 , 假期)

参数中，"开始日期"（必填）和"天数"（必填）很好理解，"假期"（选填）就是国家的法定节假日，对于本例，应将清明节和五一节假期填写上。

配 套 资 源
第 9 章 \ 项目工期表 01—原始文件
第 9 章 \ 项目工期表 01—最终效果

扫码看视频

步骤 » 用 WORKDAY 函数，计算结束日期。查找函数的步骤可参照前文，此处直接展示如何填写参数。在【函数参数】对话框中将 3 个参数填好，单击【确定】按钮，得到结果，将其向下填充即可。

▲	A	B	C	D	E	F	G	H	I
1	序号	项目事项	负责人	开始日期	工作日天数	结束日期		清明节假期	2021/4/5
2	1	项目初期调研	田晓琪	2021/3/4	=WORKDAY(D2,E2,$I$1:$I$2)		五一节假期	2021/5/3
3	2	调研小组会							
4	3	项目后期调研							
5	4	项目启动会							
6	5	策划小组会							
7	6	主题策划方案							
8	7	内容策划方案							
9	8	策划方案提交							
10	9	设计小组会							
11	10	策划方案预演							
12	11	完成平面图与主题方案文本							
13	12	平面图与主题方案文本确定							

【函数参数对话框】

WORKDAY

开始日期	D2	= 44259
天数	E2	= 10
假期	$I$1:$I$2	= {44291;44319}

= 44273

返回某日期（起始日期）之前或之后相隔指定工作日的某一日期。工作日不包括周末和专门指定的假日。在计算发票到期日、预期交货时间或工作天数时，可以使用函数 WORKDAY 来扣除周末或假日。

　　开始日期：是一串代表起始日期的日期

计算结果 = 44273

查看该函数的操作技巧 [图]　　　　　　【确定】　【取消】

	A	B	C	D	E	F	G	H	I
1	序号	项目事项	负责人	开始日期	工作日天数	结束日期		清明节假期	2021/4/5
2	1	项目初期调研	田晓琪	2021/3/4	10	2021/3/18		五一节假期	2021/5/3
3	2	调研小组会	田晓琪	2021/3/13	18	2021/4/8			
4	3	项目后期调研	田晓琪	2021/3/29	25	2021/5/5			
5	4	项目启动会	田晓琪	2021/4/21	15	2021/5/13			
6	5	策划小组会	田晓琪	2021/4/25	10	2021/5/10			

这两个日期函数也太好用了吧！天数和日期计算的问题算是解决了。

10

第 10 章

巧用求解功能，
解决预算、决算问题

- 如何求解单变量的工作问题？
- 使用单变量求解。
- 如何求解多变量的工作问题？
- 使用规划求解。

巧用模拟分析功能，
解放大脑和双手！

预算包含的内容不仅有预测，它还涉及有计划地巧妙处理所有变量。决算是预算执行的总结。在企业中，预算、决算广泛应用于财务、生产、销售等领域。

下面就介绍如何使用 WPS 表格进行生产和销售方面的预算和决算，对实际工作中遇到的问题进行单变量求解和规划求解。

10.1 单变量求解"销售计划表"数据

单变量求解解决假定一个公式要取某一结果值，那么其中的变量应取值多少的问题。

下面以求解"销售计划表"的数据为例，演示该如何使用单变量求解！

10.1.1 计算目标销售额

销售部的某位同事计划年工资收入 20 万元。他的工资收入的构成是底薪加提成，每月底薪 6000 元，提成是销售额的 5%，求他最后一个月销售额为多少时，才能达到年收入 20 万元呢？

这道题若是在数学当中，该如何解答呢？假设用 x 表示最后一个月的销售额，那么方程式为：$6000 \times 12 + (2310000 + x) \times 5\% = 200000$。最终，解答出 $x = 250000$。

使用表格的单变量求解该如何解决这个问题呢？操作步骤如下。

	B14		Q fx	=SUM(B2:B13)
▲	A	B		C
1	月份	销售额（元）		
2	1月	156,000.00		
3	2月	156,000.00		
4	3月	184,000.00		
5	4月	194,000.00		
6	5月	230,000.00		
7	6月	270,000.00		
8	7月	250,000.00		
9	8月	236,000.00		
10	9月	228,000.00		
11	10月	196,000.00		
12	11月	210,000.00		
13	12月			
14	合计	2,310,000.00		

配 套 资 源	
	第 10 章 \ 销售计划表—原始文件
	第 10 章 \ 销售计划表—最终效果

扫码看视频

步骤 1» 输入年收入的计算公式。

年收入等于底薪加提成。底薪是 6000×12，提成是总的销售额 ×5%。

	E2			fx	=D2*12+B14*5%	
⊿	A	B	C	D		E
1	月份	销售额（元）		每月底薪（元）		年收入（元）
2	1月	156,000.00		6,000.00		187,500.00
3	2月	156,000.00				
4	3月	184,000.00				
5	4月	194,000.00				
6	5月	230,000.00				
7	6月	270,000.00				
8	7月	250,000.00				
9	8月	236,000.00				
10	9月	228,000.00				
11	10月	196,000.00				
12	11月	210,000.00				
13	12月					
14	合计	2,310,000.00				

步骤 2» 设置参数。

❶单击 E2 单元格，❷切换到【数据】选项卡，❸单击【模拟分析】下拉按钮，❹在弹出的下拉列表中选择【单变量求解】选项，❺在弹出的对话框中的【目标单元格】文本框中输入"$E$2"（年收入数据），【目标值】文本框中输入"200000"（收入目标），【可变单元格】文本框中输入"$B$13"（使用绝对引用），❻单击【确定】按钮。

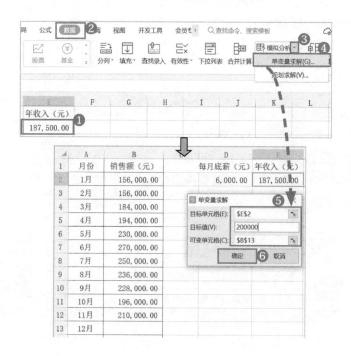

步骤 **3**» 计算结果。

单击【确定】按钮，关闭对话框即可得到计算结果。

7	6月	270,000.00
8	7月	250,000.00
9	8月	236,000.00
10	9月	228,000.00
11	10月	196,000.00
12	11月	210,000.00
13	12月	250,000.00
14	合计	2,560,000.00

单变量求解状态 ✕

对单元格 E2 进行单变量求解 求得一个解。

目标值: 200000
当前解: 200000

确定　　取消

使用单变量求解来解决问题是不是非常迅速啊？几秒就出来了，比用方程式计算快多了。

下面，我们再观察一个例子，就是"考虑人工成本的销售额"如何计算，来更好地理解单变量求解的功能。

10.1.2 计算考虑人工成本的销售额

某项产品总的人工成本上升 5000 元，产品售价上升 30 元，如果目标利润仍为 5000 元，则销量比原目标销量增加了多少？新的销售额是多少？

▲	A	B	C	D	E	F	G
1	原销售预算						
2	人工成本（元）	其他成本（元）	售价（元）	目标销量（台）	目标利润（元）	销售额（元）	
3	10,000.00	150.00	200.00	100	5,000.00	20,000.00	
4							
5	新销售预算						
6	人工成本（元）	其他成本（元）	售价（元）	目标销量（台）	销售增量（台）	目标利润（元）	销售额（元）
7	15,000.00	150.00	230.00				

下面让我们使用单变量求解来解决这个问题吧！

配 套 资 源	
⬇	第 10 章 \ 销售计划表 01—原始文件
	第 10 章 \ 销售计划表 01—最终效果

扫码看视频

步骤 **1»** 输入数据和计算公式。

输入销售增量、目标利润、销售额的计算公式，如下图所示。

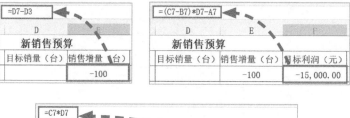

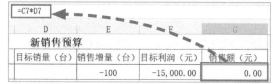

步骤 **2»** 设置参数。

❶单击 F7 单元格，❷切换到【数据】选项卡，❸单击【模拟分析】下拉按钮，❹在弹出的下拉列表中选择【单变量求解】选项，❺在弹出的对话框中，【目标单元格】文本框中输入"$F$7"（目标利润数据），【目标值】文本框中输入"5000"（利润目标），【可变单元格】文本框中输入"$D$7"（使用绝对引用），❻单击【确定】按钮。

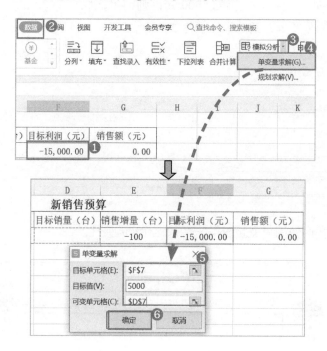

步骤 **3»** 计算结果。

单击【确定】按钮，关闭对话框即可得到计算结果。

	A	B	C	D	E	F	G
5	新销售预算						
6	人工成本（元）	其他成本（元）	售价（元）	目标销量（台）	销售增量（台）	目标利润（元）	销售额（元）
7	15,000.00	150.00	230.00	250.0000014	150.0000014	5,000.00	57,500.00
8							
9							
10							
11							
12							
13							

单变量求解状态　×

对单元格 F7 进行单变量求解
求得一个解。

目标值: 5000
当前解: 5000.0001

单步执行(S)　暂停(P)　确定　取消

这样目标销量、销售增量、销售额就计算出来了，又快又准。是不是对单变量求解的功能的理解又加深了呢？

下面让我们继续学习有两个变量的规划求解吧！

10.2　规划求解"生产规划表"，获得最优方案

10.2.1　什么是规划求解

关于什么是规划求解，先讲概念会比较难理解，不如我们先来做个古老的智力题，来走近规划求解。

鸡兔同笼问题：今有鸡兔同笼，上面有 35 个头，下面有 94 只脚。问鸡兔各有多少只？

这道题是数学中一类典型的方程式应用题，假设用 x 表示鸡的数量，用 y 表示兔的数量，那么方程式如下。

$$\begin{cases} x+y=35 \\ 2x+4y=94 \end{cases}$$

表格的规划求解也可以解决这个问题。将鸡兔同笼用表格的规划求解来进行处理的方法见下页图。这个案例的本质是通过更改 B2、B3 单元格中的值来确定 B6 单元格中的值，其中：

（1）变量单元格是 B2、B3；

（2）约束条件是 B2+B3=35；

（3）目标单元格是 B6，目标值是 94。

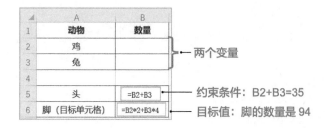

这时，再告诉你规划求解的定义就好理解了。规划求解的定义：根据已知的约束条件求最优化结果，或者可以理解为通过更改变量单元格来确定目标单元格的最大值、最小值或者目标值。具体要求：

（1）目标单元格必须是有公式的，且这个公式必须与变量相关；

（2）必须要有约束条件。

下面让我们用规划求解来解答鸡兔同笼的问题。

配 套 资 源
第 10 章＼鸡兔同笼—原始文件
第 10 章＼鸡兔同笼—最终效果

扫码看视频

步骤 1» 输入计算公式。

输入 B5 和 B6 单元格的计算公式，如下图所示。

步骤 2» 设置参数。

❶单击 B6 单元格，❷切换到【数据】选项卡，❸单击【模拟分析】下拉按钮，❹在弹出的下拉列表中选择【规划求解】选项，❺在弹出的对话框中的【设置目标】文本框中输入 "$B$6"，❻选中【目标值】单选钮，后面的文本框中输入 "94"，❼【通过更改可变单元格】文本框中输入 "$B$2:$B$3"，❽【遵守约束】设置为 "$B$2=整数, $B$3=整数, $B$5=35, $B$6=94"。检查无误后，❾单击【求解】按钮。

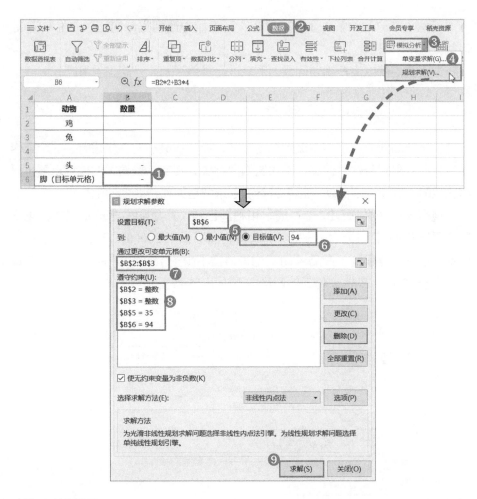

步骤 3» 计算结果。

单击【确定】按钮，关闭对话框即可得到计算结果。

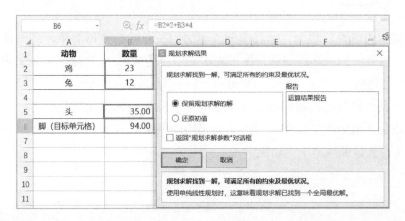

　　鸡兔同笼的问题解决了，如果在实际工作中遇到类似的问题，你知道应该怎么应对了吗？

　　下面我们就以生产规划问题为例来进行具体讲解，一起去看看吧！

10.2.2　规划求解让成本最小

　　生产部的同事在工作中接到规划生产，让成本最小的工作任务，这个工作任务有很多限制条件，他实在不知道如何解决。其实，表格中的规划求解可以解决他的大麻烦。下面就一起去看看规划求解是如何帮助他的吧！

　　现有 3 种产品 A、B、C，成本和利润已知，产量和生产成本未知，见下图。限制条件有 4 项：每日需实现销售利润不低于 20000；产品 A、B、C 也分别有最低产量限制，产品 A 每天的产量需不少于 15 台，产品 B 每天的产量需不少于 10 台，产品 C 每天的产量需不少于 15 台。

	A	B	C	D	E
1	生产成本预算				
2	产品	成本(元/台)	利润(元/台)	产量(台)	生产成本（小计）
3	A	220.00	260.00		
4	B	350.00	300.00		
5	C	450.00	380.00		
6					
7	每日需实现销售利润	20,000.00			
8	产品A产量限制（台）	15			
9	产品B产量限制（台）	10			
10	产品C产量限制（台）	15			
11					
12	实际销售利润				
13	每天最低生产成本				

├── 未知

◄── 4 项限制条件

　　这个表格看着眼晕，但其实理清里面的关系就会变得简单。产量是未知的，是需要我们求解的变量；生产成本 = 单台的成本 × 产量；实际销售利润 = 单台的利润 × 产量；每天最低成本 =3 种产品成本的合计。

　　下面，我们再确定哪些是变量，约束条件和目标单元格是什么。本案例的本质是通过更改 D3、D4、D5 单元格中的值（产量）来确定 B13 单元格中的值（每天最低成本），其中：

（1）变量单元格是 D3、D4、D5；

（2）约束条件是产量≥最低要求产量、产量＝整数，实际销售利润量≥每日需实现销售利润，故约束条件有 7 个，分别是 D3≥B8、D4≥B9、D5≥B10、D3=整数、D4=整数、D5=整数、B12≥B7；

（3）目标单元格是 B13，目标值是最小值。

	A	B	C	D	E
1	生产成本预算				
2	产品	成本（元/台）	利润（元/台）	产量（台）	生产成本（小计）
3	A	220.00	260.00	❓	← 变量单元格
4	B	350.00	300.00		
5	C	450.00	380.00	❓	
6					
7	每日需实现销售利润	20,000.00			
8	产品A产量限制（台）	15		← 约束条件	
9	产品B产量限制（台）	10			
10	产品C产量限制（台）	15			
11					
12	实际销售利润				
13	每天最低生产成本			← 目标单元格 ❓	

理清了思路，下面我们就开始使用规划求解来解答如何实现每天最低成本的问题吧！操作步骤如下。

配 套 资 源	
第 10 章 \ 生产计划表—原始文件	
第 10 章 \ 生产计划表—最终效果	

扫码看视频

步骤 1» 将除了变量以外的单元格，都填充公式。

首先，输入"生产成本（小计）"列 E3、E4、E5 单元格的公式，❶输入 E3 单元格的公式，向下填充，即可得到 E4、E5 单元格的公式；❷其次，输入"实际销售利润"B12 单元格的公式，使用的是 SUMPRODUCT 函数；❸最后，输入"每天最低生产成本"B13 单元格的公式。如下页图所示。

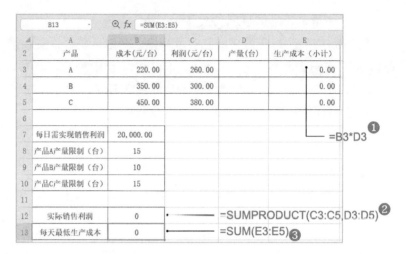

步骤 2» 设置参数。

❶单击 B13 单元格，❷切换到【数据】选项卡，❸单击【模拟分析】下拉按钮，❹在弹出的下拉列表中选择【规划求解】选项，❺在弹出的对话框中的【设置目标】文本框输入"$B$13"，❻选中【最小值】单选钮，❼【通过更改可变单元格】输入"$D$3:$D$5"，❽【遵守约束】输入"$D$3>=$B$8，$D$4>=$B$9，$D$5>=$B$10，$D$3= 整数，$D$4= 整数，$D$5= 整数，$B$12>=$B$7"。❾单击【求解】按钮。

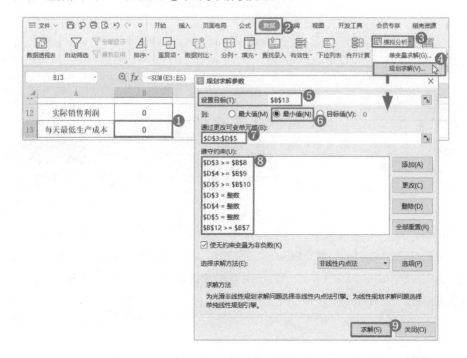

（1）添加遵守约束条件的方法

单击【添加】按钮，在弹出的对话框中填写约束条件，填写完毕，单击【确定】按钮即可。

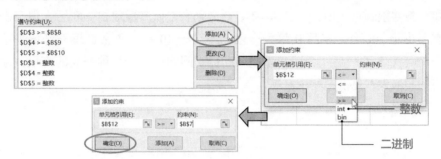

（2）修改和删除约束条件的方法

选中某个约束条件，单击【更改】或【删除】按钮，即可进行修改或删除。

步骤 3» 计算结果。

单击【确定】按钮，关闭对话框即可得到计算结果。

	A	B	C	D	E	F
2	产品	成本（元/台）	利润（元/台）	产量（台）	生产成本（小计）	
3	A	220.00	260.00	44	9,680.00	
4	B	350.00	300.00	10	3,500.00	
5	C	450.00	380.00	15	6,750.00	
6						
7	每日需实现销售利润	20,000.00				
8	产品A产量限制（台）	15				
9	产品B产量限制（台）	10				
10	产品C产量限制（台）	15				
11						
12	实际销售利润	20140				
13	每天最低生产成本	19930				
14						

规划求解结果对话框：
规划求解找到一解，可满足所有的约束及最优状况。
报告：运算结果报告
● 保留规划求解的解
○ 还原初值
□ 返回"规划求解参数"对话框
确定　取消
规划求解找到一解，可满足所有的约束及最优状况。
使用单纯线性规划时，这意味着规划求解已找到一个全局最优解。

使用规划求解实现最小生产成本的问题解决了。下面一起看看规划求解是如何实现最大利润的吧！

10.2.3 规划求解让利润最大

生产部的同事在工作中也经常接到规划生产，使利润最大的工作任务。下面就一起看看规划求解是如何帮助他的吧！

现有 3 种产品 A、B、C，单台成本和利润数据已知，产量和利润数据未知。条件限制有 4 项：产品 A、B、C 分别有最低产量限制，产品 A 每天产量需不少于 100 台，产品 B 每天产量需不少于 10 台，产品 C 每天产量需不少于 15 台，3 种产品的合计产量是 300 台。问如何规划每种产品的产量，才能使利润最大？见下图所示。

	A	B	C	D	E
1	利润预算				
2	产品	成本(元/台)	利润(元/台)	产量(台)	利润（小计）
3	A	220.00	260.00		
4	B	350.00	300.00		
5	C	450.00	380.00		
6	合计				
7					
8	产品A产量限制（台）	100			
9	产品B产量限制（台）	10			
10	产品C产量限制（台）	15			
11	总产量	300			
12					
13	每天最大利润				

——未知

4 个条件限制

产量是未知的，是需要我们求解的变量；利润（小计）= 单台的利润 × 产量；每天最大利润 =3 种产品利润的合计。

下面，我们再确定变量单元格、约束条件和目标单元格是什么。本案例的本质是通过更改 D3、D4、D5 单元格中的值（产量）来确定 B13 单元格中的值（每天最大利润），其中：

（1）变量单元格是 D3、D4、D5；

（2）约束条件是产量≥最低要求产量，产量 = 整数，3 种产品的总产量 =300，所以约束条件共有 7 个，分别是 D3 ≥ B8、D4 ≥ B9、D5 ≥ B10、D3= 整数、D4= 整数、D5= 整数、D6=300；

（3）目标单元格是 B13，目标值是最大值。

下面，我们就开始规划求解的具体步骤吧！

步骤 1» 填充公式。

❶输入合计产量 D6 单元格的公式，❷输入"利润（小计）"列 E3、E4、E5 单元格的公式，E3 单元格设置好，向下填充至 E4、E5 单元格即可，❸输入"每天最大利润"B13 单元格的公式。如下图所示。

	A	B	C	D	E	
1			利润预算			
2	产品	成本(元/台)	利润(元/台)	产量(台)	利润（小计）	❷　=C3*D3
3	A	220.00	260.00		0.00	
4	B	350.00	300.00		0.00	
5	C	450.00	380.00		0.00	
6	合计			0		
7						
8	产品A产量限制（台）	100				❶　=SUM(D3:D5)
9	产品B产量限制（台）	10				
10	产品C产量限制（台）	15				
11	总产量	300				
12						
13	每天最大利润	0				❸　=SUM(E3:E5)

步骤 2» 调出【规划求解参数】对话框，并设置参数。（此步骤可参照前文。）

❶在弹出的对话框中的【设置目标】文本框输入 "$B$13"，❷选中【最大值】单选钮，❸在【通过更改可变单元格】文本框输入 "$D$3:$D$5"，❹在【遵守约束】文本框输入右图所示的参数，❺检查无误后，单击【求解】按钮。

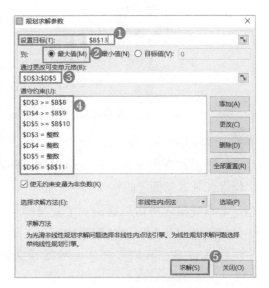

步骤 **3**» 计算结果。

单击【确定】按钮，关闭对话框即可得到计算结果。

利润预算					
产品	成本(元/台)	利润(元/台)	产量(台)	利润（小计）	
A	220.00	260.00	100	26,000.00	
B	350.00	300.00	10	3,000.00	
C	450.00	380.00	190	72,200.00	
合计			300		
产品A产量限制（台）	100				
产品B产量限制（台）	10				
产品C产量限制（台）	15				
总产量	300				
每天最大利润	101200				

规划求解结果 ×

规划求解找到一解，可满足所有的约束及最优状况。

报告

⦿ 保留规划求解的解 运算结果报告

○ 还原初值

☐ 返回"规划求解参数"对话框

　确定　　取消

规划求解找到一解，可满足所有的约束及最优状况。

使用单纯线性规划时，这意味着规划求解已找到一个全局最优解。

使用规划求解，求解最大利润的问题也解决了。在工作中遇到类似的问题，要学会触类旁通、灵活使用哦！

单变量求解和规划求解也太好用了吧！以后数据预算和决算轻松解决，我再也不发愁了。

本章内容小结

通过本章的学习，单变量求解、规划求解这些数据预算、决算的技能你都基本掌握了吗？

单变量求解可以解决一个变量的问题，而规划求解可以解决多个变量的问题，从而可以得到最优解，它们都是获得指定数据的非常好的方法。第 11 章，我们将学习 WPS 演示的使用方法。

第3篇

WPS演示：学会文稿演示，成为职场汇报达人

演示文稿以文字、图形、色彩及动画的方式，将需要表达的内容直观、形象地展示给观众，让观众对你要表达的意思印象深刻，具体从3个方面来展开：吸引、引导、体验。演示文稿正广泛应用于人们的工作和生活中，例如工作汇报、企业宣传、产品推介、婚礼庆典、项目竞标、管理咨询、教育培训等方面。

第 11 章
演示文稿的编辑与设计

- 怎样创建演示文稿?
- 有好的思路和方法吗?
- 如何创建母版版式?
- 用模板改造演示文稿会更快?
- 如何插入背景音乐和视频?

本章将一一为你揭晓。

制作演示文稿有方法,
左手母版,右手模板!

演示文稿作为一种辅助演讲的工具，大家都不陌生，或者自己制作过，或者看见别人演示过。对于观众而言，观看美观、大方、有条理的演示文稿是一种享受；而观看配色或逻辑混乱的演示文稿，则令人连皱眉头。每位读者都梦想着能做出一份好的演示文稿，这样在演讲的时候，才更有自信。

怎样才能编辑和设计出一份好的演示文稿呢？一种方法是自己创作；另一种方法是对他人已做好的模板加以改造。本章将先使用自己创作的方法，制作一份"商业计划书"，"手把手"教你制作演示文稿。

11.1 制作"商业计划书"演示文稿

11.1.1 创建演示文稿

创建"商业计划书"演示文稿之前，我们首先需要知晓演示文稿的框架结构，然后理清本次演示文稿制作的思路。

1. 演示文稿的框架结构

一份完整的演示文稿的框架结构通常是由封面页、目录页、过渡页、正文页和结尾页这 5 部分组成的，见下图。

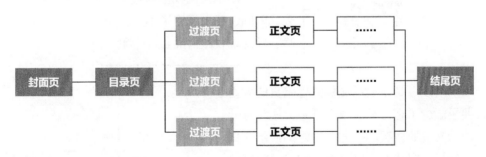

这几部分一般都是什么样的呢？见下图。

需要注意的是，并不是所有演示文稿都必须包含这 5 个部分。有的演示文稿内容相对较少且结构简单，可以直接省略"过渡页"。

知道了演示文稿的框架结构后，我们再来理清制作演示文稿的思路。

2. 制作演示文稿的思路

Q1　很多人在制作演示文稿时，没有思路，会怎样呢？

A1

没有明确的思路，直接打开演示文稿，一页一页地填充文字和美化页面。边想边写，边写边美化，写的过程中才考虑每一页的标题、上下页的逻辑关系。

这样做的结果往往是逻辑不连贯，每个页面背景和风格都不同。

 一份演示文稿我整整做了一天，时间、精力都用了不少，为啥领导还说我做得乱七八糟呢？

所以，制作演示文稿的思路真的太重要了。少了它，不仅效率低下，还会降低演示文稿的档次。因为一份好的演示文稿必然是逻辑清晰、风格统一的。只有提前进行规划，弄清受众的需求，理清思路，才能做出一份好的演示文稿。

那制作演示文稿的正确思路是什么呢？如右图所示。下面就简要介绍这个正确思路。

第 1 步：明确主题和用途

　　在制作演示文稿之前，首先要考虑的就是演示文稿要表达的主题、用途是什么。

　　明确演示文稿要表达的主题和用途的最终目的是方便我们确定演示文稿的结构。本次商业计划书演示文稿的目的是为公司的项目寻找新的合作伙伴，那么演示文稿的主题就是介绍公司的项目，演示文稿的用途就是招商。

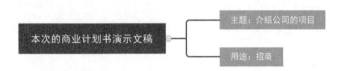

第 2 步：确定风格

　　确定风格主要是指确定演示文稿的设计风格。这一方面取决于演示文稿的主题，另一方面取决于观众。

　　例如，如果演示文稿的主题是工作总结、商业推广，则通常使用商务风或简约风；如果使用卡通风，就会显得随意、不严谨，所以本次商业计划书演示文稿我们选择采用的是简约风。

　　再如，演示文稿的观众也是我们要考虑的。如果是商务人士，使用商务风或简约风就绝对没有问题；但是如果观众是未成年人，使用卡通风最适合不过。

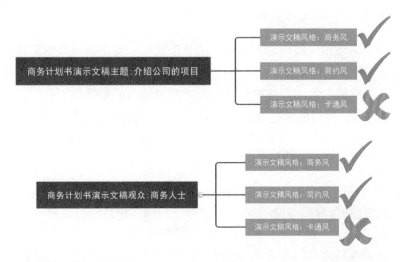

第 3 步：梳理文案

梳理文案的目的在于精简文字、吸引眼球。太多文字会让观众抓不住重点，演示文稿仅是重点文字的展示，所以需要我们对文字进行精简，提炼出属于演示文稿的核心观点。

在原始文案的基础上，对大篇幅文字进行提炼总结，最后得到梳理过的精华文案，就可以用到演示文稿上了，见下图。

商业计划书

一、项目介绍

1、主营产品

公司名称：浪漫满屋。在店铺漫天飞的今天，个性是店铺的灵魂，是店铺的生命。为了区别于普通的女性饰品店，我们将以壁挂、藤编容器等家居小饰品作为经营项目，业务范围：家居小饰品——各式壁挂、藤编花瓶、布质靠垫、陶瓷画、陶瓷花瓶、小地毯、电器套等。以专业化和个性化为主导理念，以普通消费者为客户群。

2、经营方式

我们将采用网上经营的模式，构建自己的饰品店网站，采用“一站式”销售实现经营利润的最大化。以电子互动平台来全面提高产品供销链的上市速度，及时补货，与客户进行充分的交流。经营饰品店的想法源于我们自身对个性饰品、家居装饰的浓厚兴趣，以及饰品行业巨大发展潜力的吸

商业计划书

一、封面

“浪漫满屋”手工陶艺 商业计划书

二、目录

01.项目介绍

02.项目规划

03.市场分析

04.投资回报

三、正文

（一）项目介绍

1）主营产品：藤编花瓶、泰式壁挂、贝壳灯具。

2）经营方式：线上经营。

3）客户群体：白领群体、大学生。

（二）项目规划

1）自主设计：艺术专业的大学生设计。

2）纯手工制作：有经验的手工艺人。

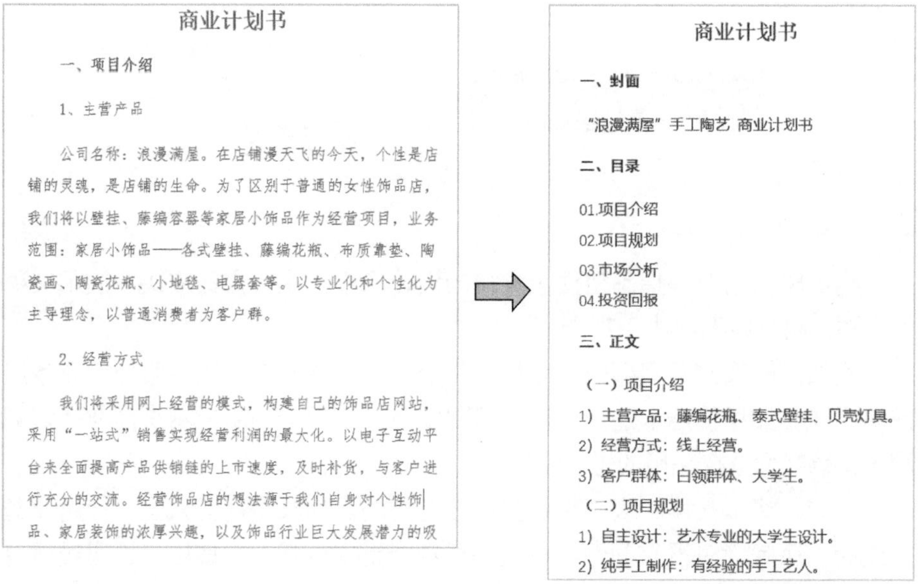

第 4 步：制作幻灯片

主题、风格和文案确定好之后，接下来就可以动手制作演示文稿了。在制作的过程中，我们要善于“偷懒”。

为了风格统一，演示文稿中各页面的背景通常是相同的，我们可以直接创建一个母版，在母版中设置背景，这样就可以省去反复设置背景的麻烦。

第 5 步：检查并保存

演示文稿做得再好，最后不保存也等于零。因此，在做完演示文稿之后，一定要记得保存。另外，在保存演示文稿时，建议同时保存一份 PDF 文

件，这是因为 PDF 文件通用性好，还适合在手机端快速观看。

3. 创建演示文稿

确定好商业计划书演示文稿采用的风格为简约风后，我们开始创建母版。

第 1 步：创建母版

创建母版，我们主要采用了 3 张图片，组合出两个背景母版。操作步骤
如下。其中"母版 1"里的形状较大一些，适合用于封面、封底和大标题；"母
版 2"里的形状较小一些，适合用于正文。

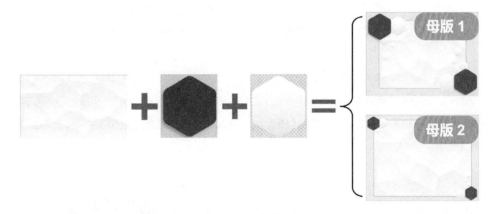

下面我们就开始正式创建这两个母版吧。以下是简要步骤。

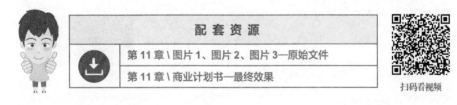

扫码看视频

步骤 1» 新建空白演示文稿并打开。

❶在桌面的空白处右击，❷在弹出的快捷菜单中选择【新建】命令，❸在弹出的子菜单中选择
【PPT 演示文稿】命令，即可新建空白演示文稿，❹在新建的空白演示文稿上右击，❺在弹出
的快捷菜单中选择【打开方式】命令，❻在弹出的子菜单中选择【WPS Office】命令，打开空
白演示文稿。

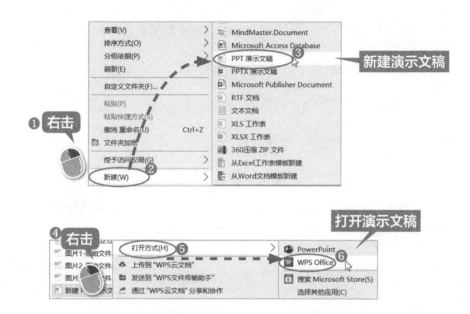

步骤 2» 进入幻灯片母版，开始插入背景图片。

❶首先，切换到【视图】选项卡，❷单击【幻灯片母版】按钮，进入幻灯片母版视图，❸其次，切换到【插入】选项卡，❹单击【图片】下拉按钮，❺在弹出的下拉列表中选择【本地图片】选项。

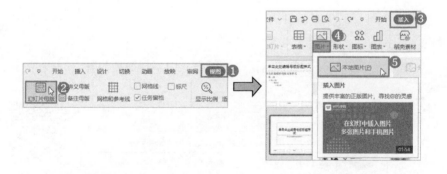

步骤 3» 插入背景图片并调整其大小。

❶在弹出的对话框中选择"图片 1- 原始文件"，❷单击【打开】按钮，即可插入图片，❸拖曳图片上的控制点，调整图片大小，❹使图片正好覆盖整个演示文稿页面。

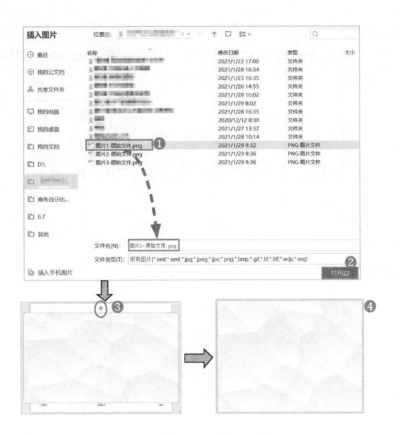

步骤 **4»** 插入装饰图片，并调整其大小和次序，做出第一个母版。

使用同样的方法，插入其余两张图片，并复制粘贴、放好位置，❶调整图片大小（图片大小的数据见下图），❷如需调整图片的次序，在图片上右击，❸在弹出的快捷菜单中选择【置于顶层】或【置于底层】命令，即可更改图片顺序。

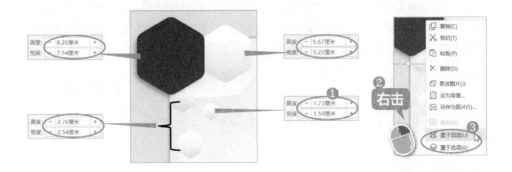

步骤 5» 复制粘贴第一个母版。

在第一个母版上右击，在弹出的快捷菜单中选择【复制】命令，在页面空白处单击鼠标右键，在弹出的快捷菜单中选择【粘贴】命令，即可复制出一个相同的母版。

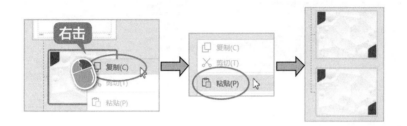

步骤 6» 调整复制的母版。

调整复制母版的装饰图片的大小，即可做好第二个母版。

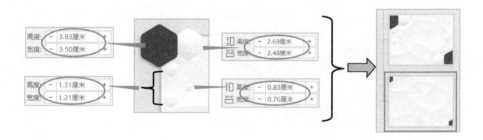

这样，两个幻灯片母版就制作好了，那该如何应用呢？操作步骤如下。

第 2 步：应用母版版式

步骤 » ❶切换到【视图】选项卡，❷单击【普通】按钮，进入普通视图，❸切换到【开始】选项卡，可以看到两张和母版一样的幻灯片已经存在了，在幻灯片上右击，❹在弹出的快捷菜单中选择【版式】命令，可以选择更改母版版式。

提示

在幻灯片上右击，不仅可以选择版式，还可以新建、复制、删除幻灯片和更换背景图片等。

11.1.2　设计封面与封底

下面开始根据梳理好的商业计划书文案，来设计商业计划书演示文稿的封面和封底。操作步骤如下。（本例的文字我们使用常用的微软雅黑字体。）

配　套　资　源	
⬇	第 11 章 \ 商业计划书 01—原始文件
	第 11 章 \ 商业计划书 01—最终效果

扫码看视频

1. 创建封面

步骤 » 将文案中属于封面的文字，填写到第一页演示文稿中。❶在标题处，填写 "'浪漫满屋'
手工陶艺"，❷在副标题处，填写 "商业计划书"。(可采用复制、粘贴的方式填写，效率高且
不易出错。)

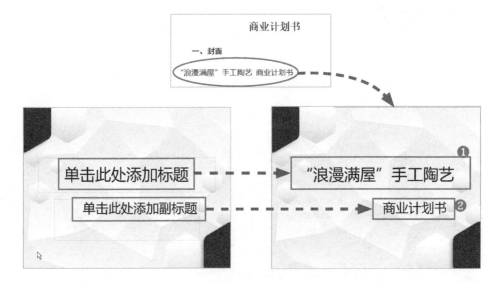

2. 创建封底

步骤 1» 将封面演示文稿复制、粘贴到最后一页。
在封面上右击，❶在弹出的快捷菜单中选择【复制】命令，❷在第 2 页下面的空白处右击，在
弹出的快捷菜单中选择【粘贴】命令，❸即可复制到最后一页。

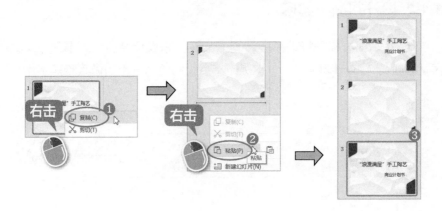

步骤 **2**» 将文案中属于封底的文字，填写到最后一页演示文稿中。

❶将标题修改为"谢谢观看！"，并向下移动到适当的位置，❷删除副标题。

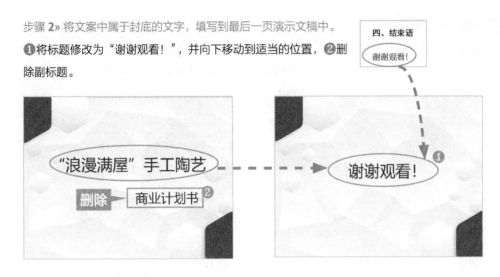

11.1.3 编辑目录页

封面和封底设计好了，下面开始目录页的编辑。还是将封面页复制一份（不再展示具体步骤），进行修改。以下是简要步骤。

配 套 资 源
第 11 章 \ 商业计划书 02—原始文件
第 11 章 \ 商业计划书 02—最终效果

扫码看视频

步骤 **1**» 将文案中目录的文字，填写到新的演示文稿中。

❶将标题修改为"目录"，并向上移动至适当的位置，❷将副标题复制 3 份，并拖曳到合适的位置，将目录内容填入。

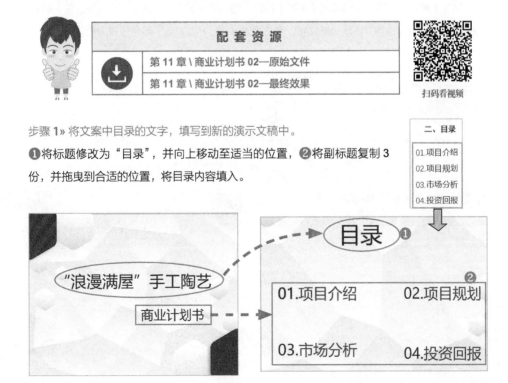

步骤 2» 修改目录的对齐方式。

❶将"目录"的 4 个项目两两选中，总共选择 4 次（选中的方法是选中一个项目，按住【Ctrl】键，再选择另一个），❷单击【水平居中】按钮，将上下两项目设为水平居中对齐，❸单击【垂直居中】按钮，将左右两项目设为垂直居中对齐。

步骤 3» 在项目下加下划线。

❶切换到【插入】选项卡，❷单击【形状】按钮，❸在弹出的下拉列表中选择直线选项，❹按住鼠标左键在"01 项目"下画一条直线，❺选中该直线，将该直线的颜色修改为黑色。

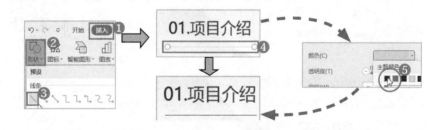

步骤 4» 将直线复制 3 次并设置对齐方式。

复制该直线到其余 3 个项目下，设置好对齐方式即可。

11.1.4 编辑内容页

　　封面、封底和目录页都编辑好了，下面我们来编辑内容页。还是将封面复制一份，作为大标题页（不再展示具体步骤），进行修改；后面的内容页使用"母版 2"。操作步骤如下。

配 套 资 源
第 11 章 \ 商业计划书 03—原始文件
第 11 章 \ 商业计划书 03—最终效果

扫码看视频

步骤 1» 制作内容中的大标题页。

根据文案修改文字即可。

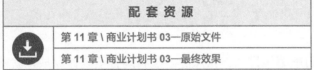

步骤 2» 使用"母版 2"，制作其他内容页。

根据文案填写文字。

步骤 3» 插入图标，美化其他内容页。

❶切换到【插入】选项卡，❷单击【图标】按钮，❸在搜索框中输入"花瓶"两字，按【Enter】键，进行搜索，❹在弹出的下拉列表中选择合适的图标，即可插入演示文稿，❺其他图标也按照此方法插入，即可美化内容页。

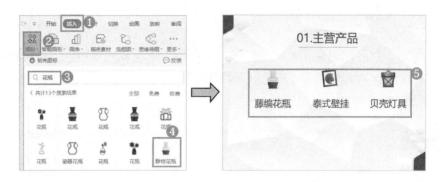

两页内容页就编辑好了，依照此方法将内容页制作完成，就是一份完整的演示文稿，不再具体展示。

11.2　利用稻壳儿，制作"企业团队建设"演示文稿

配 套 资 源
第 11 章 \ 企业团队建设—原始文件
第 11 章 \ 企业团队建设—最终效果

扫码看视频

自己创作演示文稿终归有些辛苦，效率也不高；而且受个人审美限制，可能自己感觉好的创意，观众或领导却未必买账。其实，拿到一份好的模板进行修改，效率往往会更高。

这里就以制作一份"企业团队建设"演示文稿为例，对模板进行改造。右图所示为整理好的"企业团队建设"文案，我们将以此为基础，制作演示文稿。

去哪里寻找好的模板呢？其实，稻壳儿模板就提供了海量优质模板供我们选择，而且这些模板都是由专业人员设计的，在审美创意上基本不会出现什么问题。当需要快速制作一份演示文稿时，到稻壳儿中寻找合适模板下载后，将整理好的文案填入，进行必要的修改就可以了。

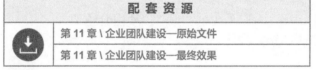

企业团队建设

一、封面

企业团队建设　演讲者：刘菲儿

二、目录

01.团队的作用
02.团队构成要素
03.团队与群体
04.团队的类型

三、正文

（一）团队的作用

1）提高组织效率；
2）提高员工的积极性；
3）有助于提升管理质量。
（二）团队构成要素

11.2.1 在稻壳儿中寻找合适的模板

如何在稻壳儿中寻找合适的模板呢？以下是简要步骤。

步骤 **1**» 进入 PPT 频道。

打开稻壳儿首页，单击
【PPT 频道】按钮。

步骤 **2**» 输入关键字，搜索出合适的模板。

❶在搜索框中输入要搜索的内容"企业团队建设"，❷单击【搜索】按钮，❸下方即可出现海量模板，从中选择合适的就可以了。

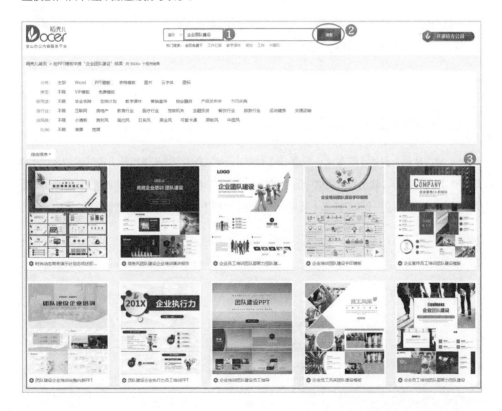

步骤 3» 选择模板。

经过仔细筛选，我们从稻壳儿中找到如下符合我们要求的模板。

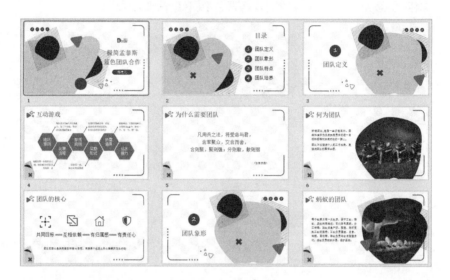

　　这个模板已经比较成熟了，只需稍加修改，便是一份很好的演示文稿。下面就对该模板进行修改，修改成我们想要的效果。

11.2.2 修改封面与封底

1. 批量修改整个演示文稿字体

步骤 » ❶切换到【开始】选项卡，❷单击【替换】下拉按钮，❸在弹出的下拉列表中选择【替换字体】选项，❹在弹出的对话框中的【替换】下拉列表框中选择【汉仪细圆简】，❺在【替换为】下拉列表框中选择【微软雅黑】选项，❻单击【替换】按钮，即可批量替换字体为微软雅黑。

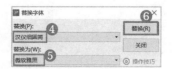

2. 修改封面内容

步骤 » 根据文案内容，删掉多余元素，修改封面标题和字号。

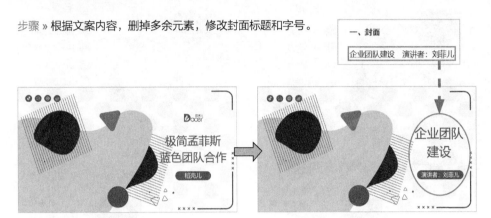

3. 修改封底内容

步骤 » 根据文案内容，删掉多余元素，修改封底字号。

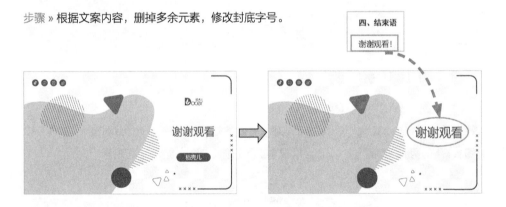

11.2.3 修改目录和节标题

1. 修改目录

步骤 » 根据文案内容，修改目录文字，并按【Ctrl】键，选中全部项目符号和文字，向左调整到适当的位置。

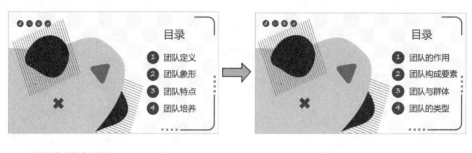

2. 修改节标题

步骤 » 根据文案内容，修改节标题内容。

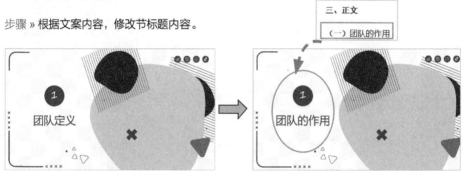

11.2.4 编排文字与图标

步骤 1» 修改并设置文字内容。

根据文案内容，修改演示文稿里的文字内容，并调整文字的位置和行距。分别选中"群体"和"团队"下的两部分具体内容，切换到【文本工具】选项卡，设置 1.5 倍行距。

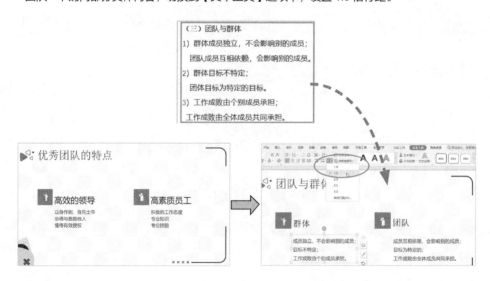

这时，我们观察到原来的图标不适合与本例的文字搭配，所以需要对图标进行更换。

步骤 **2»** 插入新的图标。

❶切换到【插入】选项卡，❷单击【图标】按钮，❸在搜索框中输入关键字"团队"后，按【Enter】键进行搜索，❹在弹出的下拉列表中双击选择合适的图标。（【群体】图标的插入，也按照这个步骤操作即可。）

步骤 **3»** 修改图标颜色和大小，替换原来的图标。

❶选中插入好的两个图标，❷切换到【图形工具】选项卡，❸单击【图形填充】下拉按钮，❹在弹出的下拉列表中选择【白色，背景 1】选项，❺图标即可变成白色，❻调整好两个图标的大小，替换原先的图标，即可得到文字页的最终效果图。

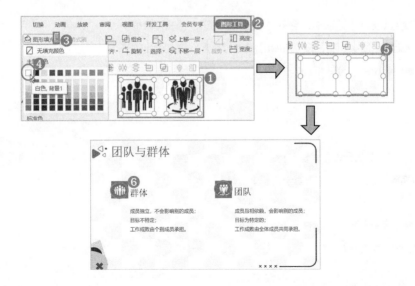

这样，一页文字型演示文稿的内容就修改好了，是不是非常简单迅速呢？其他文字型演示文稿的内容也可按照此方法进行修改，就不再展示具体步骤。

11.2.5　编排文字与图片

下面，我们开始对有文字和图片的演示文稿内容进行修改。

步骤 1» 调整文字。

根据文案内容，修改演示文稿文字和字号，并向右调整到适当的位置。

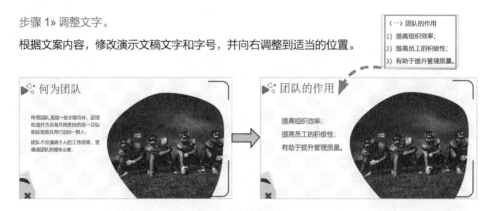

接下来，我们发现图片并不能完美契合文字，需要对图片进行更换，WPS 稻壳儿提供了海量图片可供选择，如何选择、更换呢？操作步骤如下。

步骤 2» 将原先的图片删除（不展示步骤），插入新的图片。

❶切换到【插入】选项卡，❷单击【图片】按钮，❸在搜索框中输入关键字"团队"后，按【Enter】键进行搜索，❹在弹出的下拉列表中选择合适的图片。

步骤 3» 对图片进行裁切，使其符合整体风格。

❶切换到【图片工具】选项卡，❷单击【裁剪】下拉按钮，❸在弹出的下拉列表中选择【裁剪】选项，❹在弹出的子菜单中，选择【六边形】命令。

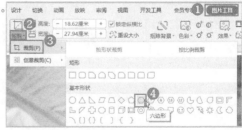

步骤 **4**» 继续裁切图片，并调整其大小和位置。

❶在空白处单击即可裁切，❷调整图片大小，放在合适位置即可。

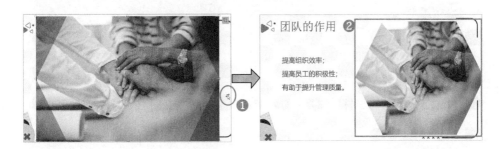

其他同类型页面的修改思路类似，就不再具体展示步骤，下面是全部修改完的演示文稿概览。

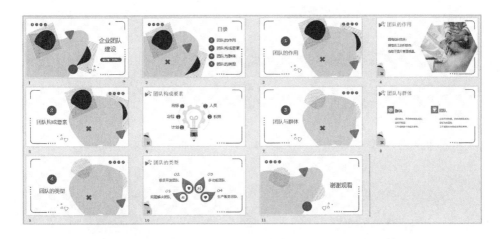

11.2.6　插入背景音乐

背景音乐可以提升观众的观看兴趣，营造良好氛围。在挑选背景音乐时，可选择与演示文稿主题相符合的背景音乐，起到强化演示文稿演讲效果的作用。那应该如何插入背景音乐呢？以下是简要步骤。

步骤 1» 开始插入背景音乐。

单击演示文稿首页空白处，❶切换到【插入】选项卡，❷单击【音频】按钮，❸在弹出的下拉列表中选择【链接背景音乐】选项。

步骤 **2»** 选择背景音乐，并插入。

❶在弹出的对话框中单击选择将要插入的背景音乐，❷单击【打开】按钮，即可将背景音乐插入演示文稿。

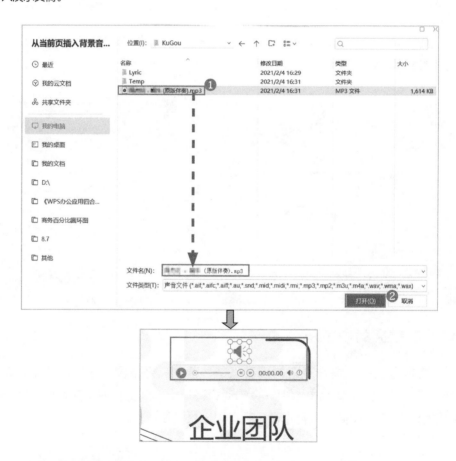

　　这样背景音乐就插入好了，在播放演示文稿时，只要提前点击播放，就可使背景音乐贯穿放映的全过程。

11.2.7　插入视频

在演示文稿中插入视频辅助演讲，可使整个演讲过程更加生动形象。操作步骤如下。

步骤 **1** » 开始插入视频。

单击将要插入视频的演示文稿页面空白处，❶切换到【插入】选项卡，❷单击【视频】按钮，❸在弹出的下拉列表中选择【链接到本地视频】选项。

步骤 **2** » 选择视频，并插入。

❶在弹出的对话框中单击选择将要插入的视频，❷单击【打开】按钮，即可插入视频。

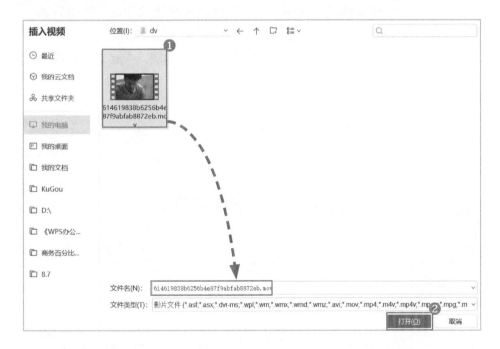

步骤 **3** » 调整视频大小，并将其放在合适位置即可，播放时，单击【播放】按钮。

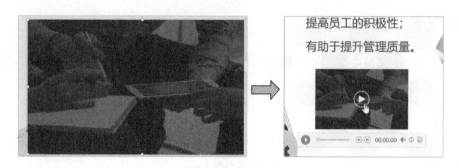

到这里视频就插入好了，和插入背景音乐一样简单。至此整个"企业团队建设"演示文稿就完善好了。

将稻壳儿模板修改为自用的演示文稿，是不是比自己动手制作演示文稿更快、更好呢？下次你需要优质的演示文稿模板，上稻壳儿找，准没错啦！

💬 **本章内容小结**

本章主要学习了演示文稿的编辑与设计，主要有两种方法：自己制作和拿优质的模板修改。实操中，建议优先选择使用优质模板进行修改，因为那样不仅省时省力，还不容易在审美上出现问题！

第 12 章我们将一起学习演示文稿动画设计与放映，一起去看看吧！

12

第 12 章

演示文稿的
动画设计与放映

• 如何让演示文稿的放映变有趣？
• 可以选择放映演示文稿的起始位置吗？
• 演示文稿放映方式如何设置？
• 演示文稿如何转换为其他格式的文件？
本章将一一为你揭晓。

加动画，演示文稿生动有趣；
巧设置，演示文稿放映自如；
转格式，演示文稿信手拈来。

在第 11 章中，我们已经学习了演示文稿的编辑与设计、背景音乐和视频的添加，但是在放映的过程中，依然会感觉比较单调，那应该怎么办呢？这就需要为演示文稿加上动画效果，使演示文稿变得有趣。

此外，我们还需要了解如何放映演示文稿，以及如何将演示文稿转换为其他格式的文件。

所以，本章我们将主要学习演示文稿的动画设计与放映，让我们一起看看如何掌握这些内容吧！

12.1　制作"电商品牌宣传"演示文稿

演示文稿中的动画可以分为两大类：页面切换动画和元素的动画。下面我们分别进行学习。

配套资源
第 12 章 \ 电商品牌宣传—原始文件
第 12 章 \ 电商品牌宣传—最终效果

扫码看视频

12.1.1　页面切换也可以动起来

通过设置页面切换动画，使页面在切换时可以动起来，演示文稿在放映时会更加生动形象。以下是简要步骤。

步骤 1» 选择演示文稿页面的切换方式。

选中要设置动画的页面，❶切换到【切换】选项卡，❷选择【形状】选项。

单击"切换方式"右侧的【其他】，有更多页面切换方式可供选择。

步骤 2» 根据需要，有选择地设置切换效果、速度、声音。

❶单击【效果选项】按钮，设置切换效果，❷在弹出的下拉列表中选择【菱形】选项，❸将【速度】设置为"01.00"，❹【声音】保持默认设置，为无声音。

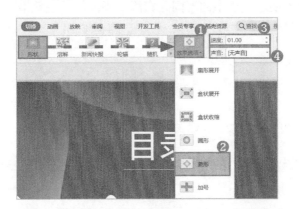

如果选择其他页面切换方式，则对应其他效果选项，如下图所示。

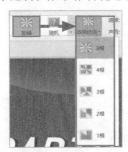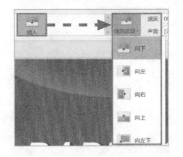

步骤 **3**» 预览效果。

切换效果设置完成后，单击【预览效果】按钮，即可预览效果，看是否达到预期。如果理想，则继续进行下一项工作；如果不理想，则可以马上重新设置。

这样，一个页面切换动画就设置好了，其他的演示文稿页面的切换动画也是这个道理，根据具体需要设置即可。

12.1.2 元素按顺序进入页面

大部分演示文稿页面中都包含多种元素，如文字、图片、形状等，这些元素的重要程度是不同的。为了突出重点，让观众迅速领会演示文稿的内容，我们可以为演示文稿中的不同元素添加不同的动画效果，使其按照我们想要的顺序出现在演示文稿页面中。以下是简要步骤。

步骤 **1**» 为演示文稿元素设置动画。

❶选中要设置动画的元素"机遇"，❷切换到【动画】选项卡，❸选择【飞入】选项，即可设置动画效果。（在本页演示文稿中，"财富""成长"与"机遇"的重要性相同，所以按照同样的方法为"财富"和"成长"设置相同的动画效果，就不再展示具体步骤。）

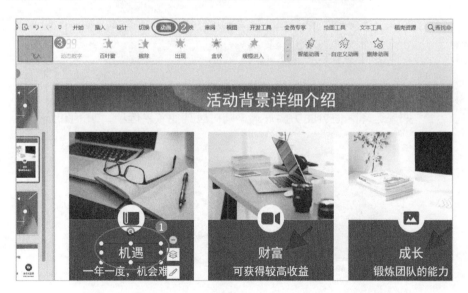

步骤 **2** » 继续为演示文稿中的其他元素设置动画。

❶选中要设置动画的元素"一年一度，机会难得"，❷切换到【动画】选项卡，❸选择【百叶窗】选项，即可设置动画效果。（在本页演示文稿中，"可获得较高收益""锻炼团队的能力"与"一年一度，机会难得"为同一等级内容，所以按照同样的方法为它们设置相同的动画效果，就不再展示具体步骤。）

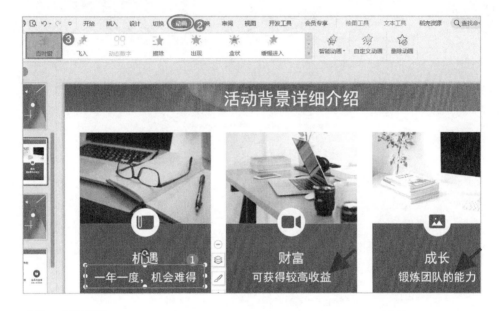

步骤 **3** » 预览效果。

元素动画效果设置完成后，单击【预览效果】按钮，即可预览效果，看是否达到预期。如果理想，则继续进行下一项工作；如果不理想，则可以马上重新设置。

　　这样，一个页面的元素动画就设置好了，其他演示文稿页面的元素动画的设置也是这个道理，根据具体需要进行设置即可。

> **提示**
> 　　在一个页面中，设置元素动画的顺序，决定了元素动画效果出现的顺序。先设置，先出现；后设置，后出现。

功能区中默认显示的动画数量有限，只显示了几种进入动画，单击【其他】按钮，可以看到不仅有进入动画，还有强调动画、退出动画、动作路径动画和智能推荐动画，如下图所示。

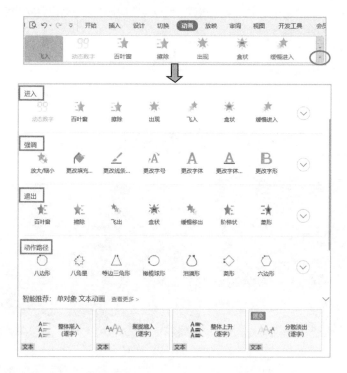

各动画方式的简单介绍如下。

（1）进入动画：在演示文稿页面中，元素刚刚生成时的动画。

（2）强调动画：元素已经生成，通过旋转、缩放、反差等形式让元素突出的动画。

（3）退出动画：元素退出页面时的动画。

（4）动作路径动画：元素已经生成，通过移动元素产生的动画。

（5）智能推荐动画：一些特别的动画效果。

提示

　　在为演示文稿中的元素设置动画时，如果对当前列表框的动画效果都不满意，可以通过单击【更多选项】按钮，打开对应的动画窗格，显示所有动画。

使用智能动画。选中要使用动画的元素，单击【智能动画】按钮，可以选择合适的智能动画，见下图。

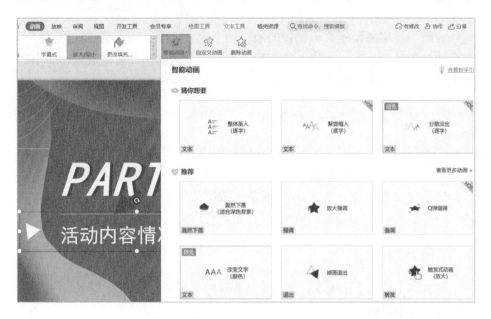

使用自定义动画。选中要使用动画的元素，单击【自定义动画】按钮，可以对动画进行自定义，也可以对已有动画效果进行自定义。这部分内容留待读者自己探索，就不再展示具体步骤，见下图。

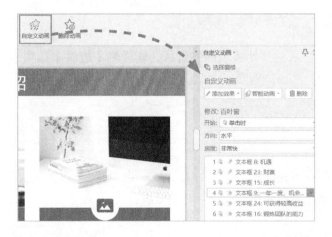

删除动画。选中要删除动画的元素，单击【自定义动画】按钮旁边的【删除动画】按钮，可以将动画删除。

12.2 演示文稿的放映与导出

放映与导出是演示文稿制作的最后一个重要环节，演示文稿做得再好，不会放映和导出也不行。接下来，我们将重点学习演示文稿的放映与导出的知识，下面就让我们赶紧去看看吧！

12.2.1 选择放映的开始位置

大多数情况下，演示文稿是需要播放展示的，那么演示文稿应该如何开始放映？如何按照一些指定的方式进行放映呢？

使演示文稿开始放映的方式很多，按照放映的开始位置，可以分为两种：一种是从头开始播放，一种是从指定幻灯片开始播放。

1. 从头开始播放

切换到【放映】选项卡，单击【从头开始】按钮；或者按快捷键【F5】，即可从头开始播放。

2. 从指定幻灯片开始播放

选中需要从头开始播放的幻灯片，切换到【放映】选项卡，单击【当页开始】按钮，即可设置演示文稿从指定幻灯片开始播放。

或者在状态栏中单击【开始播放】按钮；也可以直接按快捷键【Shift+F5】，即可设置演示文稿从指定幻灯片开始播放。

12.2.2　放映方式的设置

演示文稿的放映方式该如何进行设置呢？以下是简要步骤。

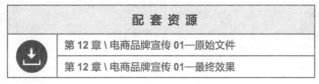

扫码看视频

步骤 » ❶切换到【放映】选项卡，❷单击【放映设置】下拉按钮，❸在弹出的下拉列表中选择【放映设置】选项，❹在弹出的对话框中【放映幻灯片】栏下选中【全部】单选钮，❺在【放映选项】栏下勾选【循环放映，按 ESC 键终止】复选框，❻在【换片方式】栏下选中【手动】单选钮，❼单击【确定】按钮，即可为演示文稿设置好放映方式。（可以根据具体情况灵活设置，此处仅举例。）

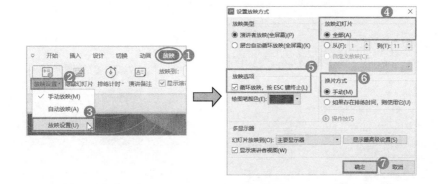

12.2.3　导出不同格式的文件

演示文稿制作完成后，经常需要输出分享。在分享过程中，可以根据接收者的需求，将演示文稿导出为不同的格式，如图片、PDF 和视频等。

1. 将演示文稿导出为图片

WPS 自带的功能，可以将演示文稿轻松导出为单页图片或长图，下面我们就一起来看看如何操作吧！

 将演示文稿分页导出为图片

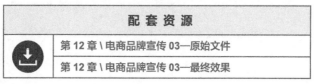

扫码看视频

步骤 1» "逐页输出"图片。

打开本实例的原始文件，❶单击演示文稿左上角的【文件】按钮，❷在弹出的下拉列表中选择【输出为图片】选项，❸在弹出的对话框中，【输出方式】选择【逐页输出】选项，【水印设置】选择【无水印】选项（如果无 VIP 可选择【默认水印】），【输出页数】选择【所有页】选项，【输出格式】选择【PNG】选项，【输出品质】选择【标清品质 (200%)】选项（如果无 VIP 可选择【普通品质 (100%)】），【输出目录】选择文件存放的位置，❹单击【输出】按钮。

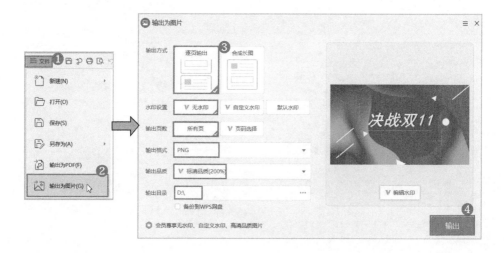

步骤 2» 查看结果。

在弹出的【输出成功】对话框中，单击【打开文件夹】按钮，即可查看输出的图片。

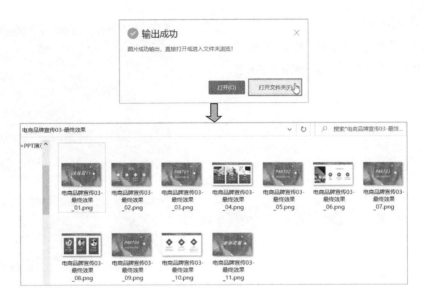

将演示文稿导出为长图

配套资源	
第 12 章 \ 电商品牌宣传 03—原始文件	
第 12 章 \ 电商品牌宣传 03—最终效果	

扫码看视频

步骤 1» 开始为演示文稿合成长图。

【输出方式】选择【合成长图】选项，其他设置和操作可参照前文。

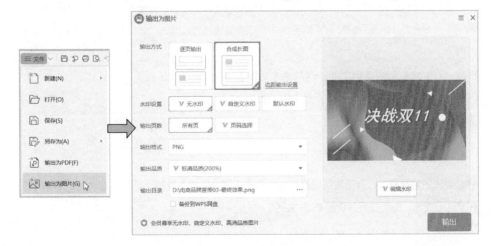

步骤 **2»** 查看结果。

在弹出的【输出成功】对话框中，单击【打开】按钮，找到生成的文件，即可查看输出的长图。

2. 将演示文稿导出为 PDF 文件

　　一些报告类的演示文稿通常需要分享给领导，为了避免软件版本不同而造成的版面混乱，在分享演示文稿时，还可分享一份 PDF 文件。将演示文稿导出为 PDF 文件的方法与导出为图片的方法相似，都是通过另存的方法导出。

配 套 资 源
第 12 章 \ 电商品牌宣传 04—原始文件
第 12 章 \ 电商品牌宣传 04—最终效果

扫码看视频

步骤 » 打开本实例的原始文件，❶单击【文件】按钮，❷在弹出的下拉列表中，选择【输出为 PDF】选项。

❸在弹出的对话框中，保持默认设置不变，单击【开始输出】按钮，❹输出成功后，单击【打开文件】按钮，即可打开并查看 PDF 文件。

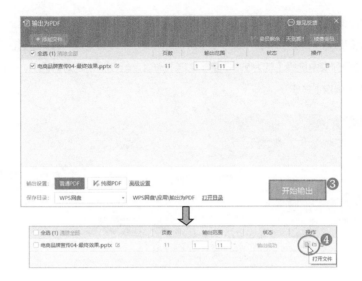

提示

PDF 文件是非常稳定的文件。将演示文稿转化为 PDF 文件，可以防止别人不小心修改内容，而且 PDF 文件可以轻松转换为多种格式，也可以再转换回演示文稿格式。转换回演示文稿格式的方式见右图。

3. 将演示文稿转换为 WPS 文字文档

当演示文稿的原文案丢失，或者是他人做好的演示文稿，我们需要使用其中的全部或部分文字时，该怎么获取该演示文稿的文案呢？逐个复制、粘贴出来吗？不，那样效率太低了。WPS 自带的功能就可以将演示文稿一键转换为文字文档。以下是简要步骤。

配 套 资 源
第 12 章 \ 电商品牌宣传 05—原始文件
第 12 章 \ 电商品牌宣传 05—最终效果

扫码看视频

步骤 1» 转换设置。

打开本实例的原始文件，❶单击【文件】按钮，❷在弹出的下拉列表中选择【另存为】选项，
❸在弹出的子列表中选择【转为 WPS 文字文档】选项，❹在弹出的对话框中，保持默认设置
不变，单击【确定】按钮。

步骤 2» 选择存放位置。

❶在弹出的【保存】对话框中选择存放位置，❷单击【保存】按钮即可完成转换，❸单击【打
开文件】按钮，可查看转换好的文件。

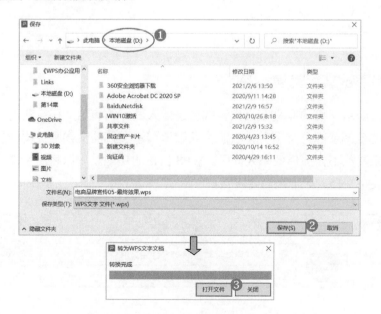

第4篇

学会移动办公，从容切换工作模式

移动办公，即办公人员可不受时间和地点限制地处理工作事务。这种全新的办公模式，可以摆脱时间和空间对办公人员的束缚，提高工作效率。通过远程协作，办公人员可轻松处理一般事务或紧急事务。

13

第 13 章

各移动办公工具的使用

- 想要不见面就开会?
- 想要多人编辑一份文件?
- 想要线上存储、分享文件?
- 想要远程控制他人计算机?
  移动办公,都能帮你实现。

足不出户,望见天下!

随着技术的不断发展和进步，办公正走向移动化，呈现出跨地点、跨时区、跨设备协作的特点。

下面就以某公司的移动办公方案为例，来了解在实际工作中如何移动办公吧！

　移动办公在实际工作中的应用

某公司是一个典型的生产和销售为一体的公司，属于中型企业，员工人数 285 人，总公司和 3 个分公司不在同一个城市，地域的差异导致传统的办公方式无法满足工作需要，所以需要借助移动办公的方式来开展业务。

下图呈现的是该公司的移动办公方案，主要分为 4 个方面。

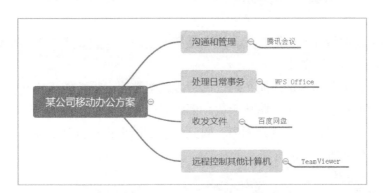

1. 通过腾讯会议沟通和管理

每半年，总经理利用腾讯会议连线公司的全体员工，进行半年工作总结和工作计划安排；每季度，总经理利用腾讯会议连线公司的高层管理者，进行季度工作总结和工作计划安排；每月，总经理利用腾讯会议连线公司的中层和高层管理者，进行月度工作总结和工作计划安排。

每周一次例会，总经理连线分公司经理，销售总监连线分公司的销售经理，财务总监连线分公司的财务经理，人力资源总监连线分公司的人力资源经理等，进行上周工作进度汇报和本周工作计划安排。

此外，会议发起人根据实际工作需要，还可以发起一些临时会议。

2. 通过 WPS Office 处理日常事务

WPS Office 内置有分享和远程协作功能，支持多人协作编辑在线文档，并可一键共享文件。

该公司的同事们即使身在异地，也可以共同编辑同一份在线文件，例如分散在各地的销售部同事可以协同完善一份"潜在客户统计表"，分散在各地的财务部同事可以协同完善一份"费用支出统计表"，分散在各地的人力资源部同事可以协同完善一份"员工信息表"等，WPS Office 可以帮他们对文件进行实时更新和保存。

此外，通过 WPS Office 还可以轻松分享文件，将文件生成分享链接发给同事，对方打开链接，即可查看。

3. 通过百度网盘收发文件

因百度网盘存储量比较大，为方便统一管理，公司要求员工尽量使用百度网盘存储和分享文件。

这样，每个同事都注册了自己的百度网盘账号，重要的工作文件平时都使用百度网盘进行备份，防止丢失；而需要分享文件时，只需要把生成的分享链接及提取码发送给其他同事，收到链接的同事直接打开链接，输入提取码即可下载文件，非常方便。

4. 通过 TeamViewer 远程控制其他计算机

因分公司与总公司不在同一城市，总公司信息部的同事想要帮分公司的同事进行计算机的一些特殊设置、安装某个较复杂的软件、解决一些程序问题等，都可通过 TeamViewer 来实现。

TeamViewer 使用起来非常方便，只需双方都安装并运行 TeamViewer 客户端，然后生成各自的 ID 和密码，员工将自己的 ID 和密码告诉信息部的同事，他就可以控制相应员工的计算机，解决计算机的一些难题。

了解了该公司的移动办公方案，你是不是对移动办公工具的使用产生浓厚兴趣了呢？下面就让我们学习这些移动办公工具的使用方法，掌握高效的移动办公方法吧！

13.2　沟通讨论工具——腾讯会议

腾讯会议是腾讯云旗下的一款音视频会议产品，可以通过手机、平板电脑、PC 等终端进行使用，支持 Android、iOS、Windows、macOS 等多种操作系统。下面我们就来具体学习一下腾讯会议的使用方法。

13.2.1　注册登录

腾讯会议的注册登录步骤如下。

步骤 1» 下载安装客户端。

在浏览器中找到腾讯会议官网，在首页下方单击【免费下载】按钮，即可进行下载。下载后双击安装包即可安装。

步骤 2» 新用户注册。

安装客户端后，打开客户端，可以选择单击【加入会议】或【注册 / 登录】按钮，如果没有账号，❶单击【注册 / 登录】按钮，❷在弹出的登录页面中，单击【新用户注册】按钮，❸在弹出的注册页面中，通过填写【手机号码】【验证码】【名称】【密码】和【确认密码】进行注册，❹单击【注册】按钮，即可拥有腾讯会议账号。

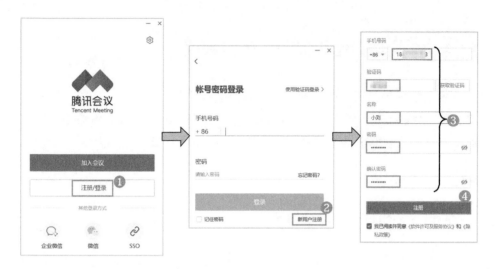

13.2.2　发起、加入和预定会议

　　登录腾讯会议客户端后，在左上角可设置个人信息。单击界面左上角的头像，在弹出的页面中，可以单击头像右侧的笔形按钮，修改名称。

　　我们还看到客户端页面上方有【加入会议】【快速会议】【预定会议】这 3 个按钮，这是我们需要学会的主要功能，下面具体讲解这 3 个功能的用法。

1. 加入会议

步骤 » ❶在主页单击【加入会议】按钮，❷在打开的【加入会议】对话框中，输入本次会议的会议号和自己的名称，❸单击【加入会议】按钮，即可加入会议。

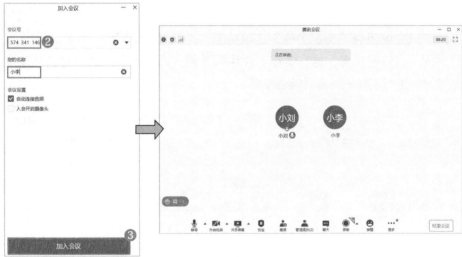

2. 快速会议

步骤 » 在客户端主页单击【快速会议】按钮，即可发起一场会议，如下图所示。（小型会议可直接使用"电脑音频"的方式，会议室场景、大型会议可使用"电话拨入"的方式。）

提示

单击会议页面左上方第一个按钮，弹出本次会议的会议号，其他参与者输入该会议号即能加入会议。每次发起会议均会随机生成一个新的会议号。

3. 预定会议

腾讯会议还有"预定会议"这项功能，可以提前设置会议议题、会议召开时间、会议密码等，这在实际工作中很常用，因为大多数会议都是会议发起者提前进行安排的，操作步骤如下。

步骤 » ❶在主页单击【预定会议】按钮，❷弹出【预定会议】对话框，填写会议主题、开始时间、结束时间、入会密码，❸单击【预定】按钮，❹预定好的会议，将会在主页显示。

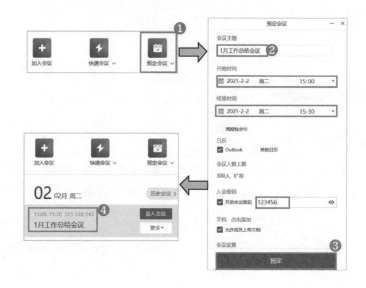

13.2.3 会议中的控制

在会议页面下方有很多操作工具，我们可以使用它们进行会议中的控制，见下图。

当单击【管理成员】按钮时，会议页面右侧会出现一个列表，可以单击【全体静音】或【解除全体静音】按钮，也可以单击【更多】按钮，从弹出的下拉列表中选择其他选项，来对会议进行控制，见下图。

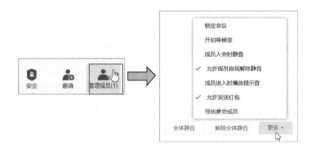

1. 音频和视频设置

在腾讯会议中，如何进行音频和视频的设置呢？

我们可以单击【更多】按钮，在弹出的下拉列表中选择【设置】选项，这时弹出【设置】对话框，根据具体需要，在【视频】和【音频】中进行个性化设置，见下图。

2. 共享屏幕

腾讯会议还可以共享屏幕，具体方法是在会议页面中单击【共享屏幕】按钮，快速发起共享，见下页图。

　　在共享屏幕时，可以根据具体情况，单击【共享屏幕】下拉按钮，在弹出的下拉列表中设置共享屏幕权限。

3. 会议文档

　　腾讯会议还有"会议文档"这项功能，在会议过程中可以直接新建文档，也可以打开已有的工作文档进行查看。操作步骤如下。

步骤 1» 找到文档。

在会议页面下方，❶单击【更多】按钮，❷在弹出的下拉列表中选择【文档】选项，❸在弹出的【文档】对话框中，可以打开已有的文件进行查看。

步骤 2» 查看和修改文档。

❶双击文件，即可在线查看文件，另外，可根据需要设置文件修改权限，❷单击标题右侧下拉按钮，❸在弹出的下拉列表中，将文件设置为【成员仅查看】或【成员可编辑】，这样有权限的成员即可对文件进行修改。

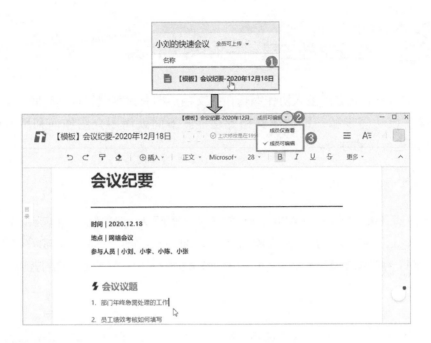

步骤 3» 新建文档或表格。

如果想要新建文档或表格，可以单击【新建文档】或【新建表格】按钮，新建腾讯会议文档，并设置好权限，若选择【成员可编辑】选项，其余参会人员也可打开该文件进行编辑。

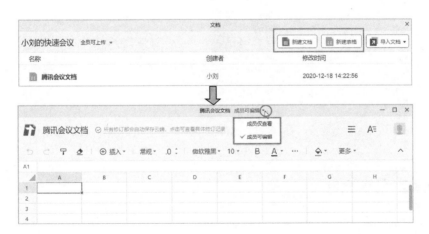

　　通过以上介绍，相信你已经学会腾讯会议的基本操作。除了腾讯会议，同类的沟通讨论类工具还有 Zoom、TalkLine、飞书会议等。

13.3　在线文档工具——WPS Office

　　WPS Office 支持多人协作编辑在线文档，拥有大容量云存储空间，支持多设备自动同步和一键共享文档等功能。下面就简要介绍如何利用 WPS Office 进行移动办公。

13.3.1　账号登录

步骤 » 打开任意本地文件，若 WPS Office 界面的右上角显示为"访客登录"，则表示没有登录过，❶单击【访客登录】按钮，❷在弹出的【WPS Office 账号登录】对话框中，可以选择【微信登录】【手机验证登录】，❸也可以单击【其他登录方式】按钮，选择其他方式进行登录。

13.3.2　分享文件

步骤 1» 创建分享。

❶单击右上方的【分享】按钮，❷在弹出的对话框中，选择分享权限，❸单击【创建并分享】按钮。

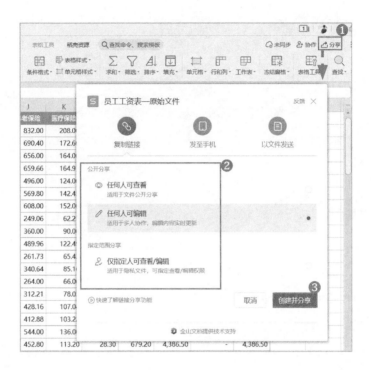

步骤 **2**» 分享链接。

❶在弹出的对话框中，可以看到形成了分享链接，❷单击【复制链接】按钮，即可分享。

13.3.3　远程协作

步骤 **1**» 进入多人编辑。

打开任意一个 WPS Office 文件，❶单击左上方的【首页】按钮，❷在弹出的对话框中，进入 WPS Office 首页，在这里选择要进行远程协作的文件，单击【进入多人编辑】按钮。

步骤 2》分享。

❶在弹出的对话框中，保持默认设置不变，单击【确定】按钮，❷在打开的协作文件中，单击【分享】按钮。

步骤 3》协作。

❶在弹出的对话框中，单击【复制链接】按钮，发给想要协作的人，❷对方接受后，你的页面将会显示正在协作编辑的人。

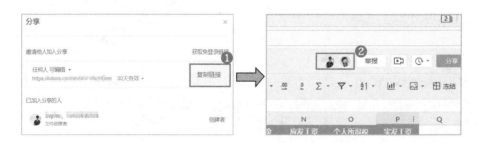

13.4　文件传输工具——百度网盘

百度网盘是百度公司推出的一款云存储产品，覆盖主流计算机操作系统和手机操作系统，支持照片、视频、文档等多类型文件的云端备份、分享、查看和处理，用户可以轻松将文件上传到网盘，并可跨平台随时进行查看和分享。

13.4.1　注册和使用

百度网盘和百度贴吧、百度文库、百度音乐、百度知道等都是百度公司旗下产品，因此可以使用这些产品的账号进行登录。如果没有这些账号，可以新注册一个账号。操作步骤如下。

步骤 1» 登录、注册。

打开浏览器搜索"百度网盘"，进入官网，❶已有账号的用户单击【登录】按钮，直接登录；❷没有账号则单击【立即注册】按钮，进行注册即可。

步骤 2» 进入百度网盘。

登录后，即可进入网页版的百度网盘，进行文件的上传或下载了。

13.4.2　上传文件

在百度网盘中上传文件时，需要先选择上传位置，可以在网盘中新建文件夹来存储文件，也可以直接选择文件夹进行上传。操作步骤如下。

步骤 1» 进行上传。

❶单击【新建文件夹】按钮，❷新建一个名为"工作文件"的文件夹，并单击后面的打钩按钮保存，❸进入文件夹内，单击【上传】按钮。

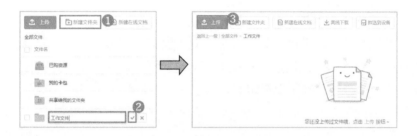

步骤 2» 在弹出的对话框中，选择要上传的文件，可选择多个文件，单击【打开】按钮，即可上传。

13.4.3 创建文件的分享链接

步骤 » ❶选择要分享的文件，❷在该文件上右击，❸在弹出的快捷菜单中选择【分享】命令，❹在弹出的对话框中可以选择文件的有效期，❺单击【创建链接】按钮，❻即可得到分享链接，❼也可以通过生成的二维码进行分享。

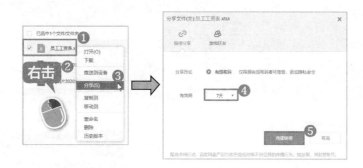

　　收到链接的用户，单击该链接即可进入下载页面，输入提取码即可下载文件。

　　除了百度网盘，同类的文件传输类工具还有坚果云、奶牛快传等。

13.5 远程服务工具——TeamViewer

　　TeamViewer 是一款能随时随地对计算机、移动设备进行远程连接和控制的软件，而且可以跨系统、跨设备使用，能让远程连接过程更加快速和安全，轻松实现对文件、网络及程序的实时支持或访问。

为了连接到另一台计算机，需要在两台计算机上同时运行 TeamViewer 。只需要输入对方的 ID 到 TeamViewer，就会立即建立起连接。以下是简要步骤。

步骤 1» 下载客户端。

在浏览器搜索 "TeamViewer"，进入官网，单击【下载】按钮进入下载页面，选择合适的客户端进行下载。

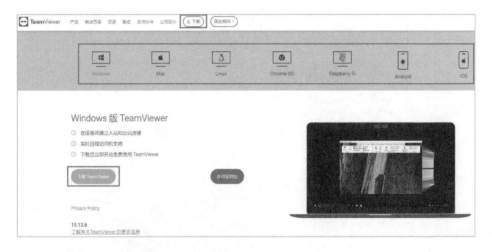

步骤 2» 运行客户端，进入 TeamViewer。

❶在【允许远程控制】区域，用户可以看到自己的 ID 和密码，❷在【控制远程计算机】中输入对方计算机的 ID，❸单击【连接】按钮，即可实现远程控制。